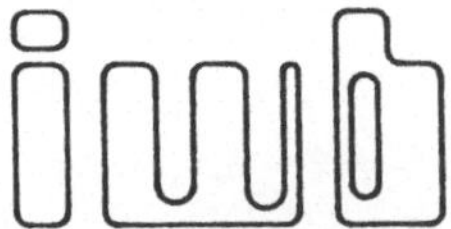

Forschungsberichte · Band 19

Berichte aus dem Institut für Werkzeugmaschinen und Betriebswissenschaften der Technischen Universität München

Herausgeber: Prof. Dr.-Ing. J. Milberg

Hans-Joachim Heusler

Rechnerunterstützte Planung flexibler Montagesysteme

Mit 43 Abbildungen

Springer-Verlag
Berlin Heidelberg New York
London Paris Tokyo 1989

Ing., Dipl.-Wirtsch.-Ing. Hans-Joachim Heusler
Institut für Werkzeugmaschinen und Betriebswissenschaften (iwb), München

Dr.-Ing. J. Milberg
o. Professor an der Technischen Universität München
Institut für Werkzeugmaschinen und Betriebswissenschaften (iwb), München

D 91

ISBN-13:978-3-540-51723-8   e-ISBN-13:978-3-642-75092-2
DOI: 10.1007/978-3-642-75092-2

Gesamtherstellung: Hieronymus Buchreproduktions GmbH, München
2362/3020-543210

Geleitwort des Herausgebers

Die Verbesserung der Fertigungsmaschinen, der Fertigungsverfahren und der Fertigungsorganisation zur Steigerung der Produktivität und Verringerung der Fertigungskosten ist eine ständige Aufgabe der Produktionstechnik. Die Situation in der Produktionstechnik ist durch abnehmende Fertigungslosgrößen und zunehmende Personalkosten sowie durch eine unzureichende Nutzung der Produktionsanlagen geprägt. Neben den Forderungen nach einer Verbesserung der Mengenleistung und der Arbeitsgenauigkeit gewinnt die Steigerung der Flexibilität von Fertigungs-maschinen und Fertigungsabläufen immer mehr an Bedeutung. In zunehmendem Maße werden Programme, Einrichtungen und Anlagen für rechnergestützte und flexibel automatisierte Produktionsabläufe entwickelt.

Ziel der Forschungsarbeiten am Institut für Werkzeugmaschinen und Betriebswissenschaften der Technischen Universität München *(iwb)* ist die weitere Verbesserung der Fertigungsmittel und Fertigungsverfahren im Hinblick auf eine Optimierung der Arbeitsgenauigkeit und Mengenleistung der Fertigungssysteme. Dabei stehen Fragen der anforderungsgerechten Maschinenauslegung sowie der optimalen Prozeßführung im Vordergrund. Ein weiterer Schwerpunkt ist die Entwicklung fortgeschrittener Produktionsstrukturen und die Erarbeitung von Konzepten für die Automatisierung des Auftragsdurchlaufs. Das Ziel ist eine Integration der technischen Auftragsabwicklung von der Konstruktion bis zur Montage.

Die im Rahmen dieser Buchreihe erscheinenden Bände stammen thematisch aus den Forschungsbereichen des *iwb*: Fertigungsverfahren, Werkzeugmaschinen, Fertigungsautomatisierung und Montageautomatisierung. In ihnen werden neue Ergebnisse und Erkenntnisse aus der praxisnahen Forschung des *iwb* veröffentlicht. Diese Buchreihe soll dazu beitragen, den Wissenstransfer zwischen dem Hochschulbereich und dem Anwender in der Praxis zu verbessern.

Joachim Milberg

Vorwort

Die vorliegende Dissertation entstand während meiner Tätigkeit als wissenschaftlicher Mitarbeiter am Institut für Werkzeugmaschinen und Betriebswissenschaften der Technischen Universität München.

Herrn Prof. Dr.-Ing. Joachim Milberg, dem Leiter dieses Instituts, gilt mein besonderer Dank für die wohlwollende Unterstützung und großzügige Förderung des Forschungsgebiets Simulationstechnik sowie für seine Anregungen, die zum Gelingen dieser Arbeit entscheidend beigetragen haben.

Herrn Prof. Dr.-Ing. Klaus Ehrlenspiel, dem Inhaber des Lehrstuhls für Konstruktion im Maschinenbau der Technischen Universität München, danke ich für die kritische Durchsicht der Arbeit und die sich daraus ergebenden wertvollen Hinweise.

Mein Dank gilt ebenso meinen früheren Zimmerkollegen, den Herren Dr.-Ing. Peter Barthelmeß und Dipl.-Ing. Helmut Hartberger, für ihre konstruktiven Hinweise und wertvollen Anregungen während der Anfertigung dieser Arbeit.

Mein Dank gilt auch Herrn cand.-Ing. Michael Beutner für die sehr anwenderfreundliche programmtechnische Realisierung der Schnittstelle zwischen dem Simulationsmodell und dem CAD-System *Medusa*. Insbesondere möchte ich mich auch bei meiner Frau bedanken, die durch ihr Verständnis und ihren persönlichen Einsatz beim Korrekturlesen der Arbeit das Entstehen der Dissertation sehr unterstützte.

Schließlich möchte ich mich noch bei allen Mitarbeiterinnen und Mitarbeitern des Instituts, sowie allen Studenten, die im Rahmen ihrer Diplomarbeiten mich bei bei der Erstellung der Arbeit unterstützt haben, recht herzlich bedanken.

Puchheim, im Mai 1989 *Hans - Joachim Heusler*

Inhaltsverzeichnis

Verwendete Formelzeichen

<u>Große Buchstaben:</u>

AZ[1:N,1:N]	bewertete Adjazenzmatrix
AZORG[1:N,1:N]	ursprüngliche Adjazenzmatrix
BL[1:N,1:N]	Belastungsmatrix
CP[1:K]	Feld der Pfeilbewertungen
D[1:N]	Distanzvektor
E	Menge der Kanten eines Graphen
EK[1:K]	Feld der Nachfolgeknoten
E[1:N,1:N]	Entfernungsmatrix
F[1:i]	eindimensionales Feld mit i Stellen
F[1:i,1:j]	zweidimensionales Feld mit i x j Plätzen
G	Graph
GTLZ	Gesamttransportleistungsziffer
H_i	Knoten - Teilmenge
K	Anzahl der Kanten eines Netzwerks
K_T	Transportkosten
KE[1:M]	Feld der Endknoten der von einem Knoten ausgehenden Pfeile
M	Vektor zur Aufnahme der Adjazenzmatrix
MARKE[1:N]	Feld der markierten Knoten
MK	Menge der markierten Knoten
MP	Maximale Anzahl der Aufträge im Puffer
N	Anzahl der Knoten eines Netzwerks
P	Anzahl der von einem Knoten ausgehenden Pfeile
P_i	Pfeil der Nummer i
R[1:N]	Routenvektor
S	Startknoten
S[1:N]	sortiertes Feld der markierten Knoten
SK	Schlangenkopf

SS	Schlangenschwanz
V	Menge der Knoten eines Graphen
W[1:N]	Feld der Vorgänger von j auf einem kürzesten Weg vom Startknoten S nach dem Knoten j
Z	Zielknoten
ZEIGEK[1:n+1]	Zeigerfeld der Endknoten

Kleine Buchstaben:

a	Ankunftsrate
az_{ij}	Koeffizienten der Adjazenzmatrix
b_{ij}	Koeffizienten der Belastungsmatrix
c	Kapazität
c_{ij}	Länge des Pfeils vom Knoten i nach Knoten j
e_{ij}	Koeffizienten der Entfernungsmatrix
f_{ij}	Fahrtzeit von Station i nach j
g_i^{+}	Positiver Grad des Knoten i
g_i^{-}	Negativer Grad des Knoten i
h	Inzidenzabbildung
i	Laufvariable
j	Laufvariable
k	Laufvariable
k_{ij}	Kanten eines Graphen zwischen den Knoten i und j
m	Menge der zu transportierenden Objekte
rn_{ij}	Elemente des Vektors R[1:N]
s	Strecke
t_{ij}	Koeffizienten der Transportmatrix
w_{ij}	kürzester Fahrtweg von Station i nach j

<u>Mathematische Operatoren:</u>

∂	Differential
Σ	Summe
$\in$	Element von
$\subset$	Untermenge von

1. Einleitung

1.1 Einführung in die Problematik

Der internationale Wettbewerb in der Industrie bedingt eine immer stärker wachsende Typen- und Variantenvielfalt bei immer häufigeren Produktwechseln. Daher ist ein Hauptanliegen moderner Unternehmensführung die Suche nach kosten- und zeitgünstigen Produktionsverfahren für bestehende und neue Produkte, sowie eine verbesserte Planung und Durchführung des Produktionsablaufs in den Unternehmen. Die Montage kann als ein wesentlicher Produktionsbereich angesehen werden, um Wettbewerbsvorteile durch Rationalisierungen zu erzielen [1]. Nachdem die Rationalisierungsmöglichkeiten im Teilefertigungsbereich durch den Einsatz flexibler Fertigungssysteme seit vielen Jahren bekannt sind und erfolgreich genutzt werden, ist man neuerdings bestrebt, flexibel automatisierte Systeme auch im Montagebereich einzusetzen [2,3,4]. Der Vorteil dieser Systeme besteht darin, daß sie im Gegensatz zu taktgebundenen, reinen Fließmontagen für ein stark wechselndes Produktmix und für geringe Losgrößen geeignet sind.

Flexible Montagesysteme bestehen aus mehreren Einzelarbeitsplätzen, die materialflußtechnisch mit einem flexiblen Transportmittel, z.B. einem fahrerlosen Flurförderfahrzeug, verbunden sind. Die Ablaufsteuerung dieser Systeme erfolgt in der Regel rechnerunterstützt durch eine Datenverarbeitungsanlage *(Bild 1)*. Die Installation dieser Systeme erfordert einen hohen Kapitalaufwand. Selbst bei nachgewiesener Wirtschaftlichkeit stellen deshalb die hohen Finanzmittel, die für den Einsatz der Montageautomatisierung erforderlich sind, für kleine und mittlere Unternehmen die entscheidende Hürde dar [5]. Aus diesem Grund wird eine hohe Nutzungsdauer für solche Anlagen angestrebt. Gleichzeitig sollen sie flexibel auf Produktionsänderungen reagieren können.

Bei zunehmender Autonomie und Automatisierung flexibler Montagesysteme müssen erforderliche Neu- und insbesondere Umplanungen häufiger, schneller und genauer durchgeführt werden. Die Genauigkeit dieser Planungen hat eine große Bedeutung, denn bereits in der Planung werden die Weichen für die Funktionstüchtigkeit und den späteren Gebrauchswert einer Anlage gestellt. Die geforderte Planungsgenauigkeit in Verbindung mit der Komplexität der Planungsaufgaben erfordert deshalb in zunehmendem Maß eine systematische Vorgehensweise unter Zuhilfenahme moderner Planungsmethoden. Für die Planung von kompletten Montageanlagen bietet sich an, rechnerunterstützte Methoden einzusetzen und die fertigen Anlagen später, während der Betriebsphase mit dem gleichen Werkzeug zu überwachen. Als Analyseverfahren eignen sich dafür vor allem die Methoden der rechnergestützten Simulation. Simulationsexperimente können besonders dort eingesetzt werden, wo Experimente an tatsächlichen Systemen nicht durchgeführt werden können, oder ansonsten notwendige Pilotaufbauten einen hohen zeitlichen und finanziellen Aufwand erfordern würden.

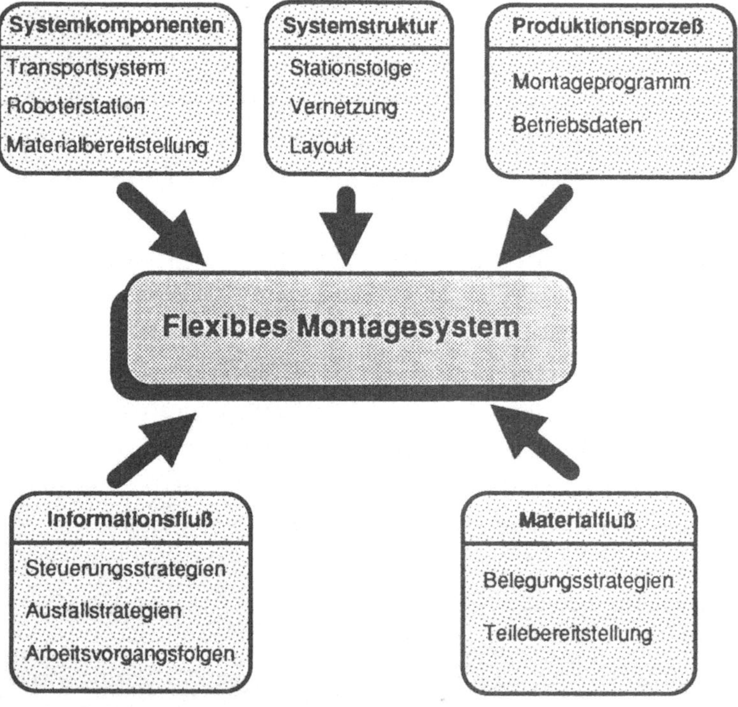

Bild 1: Bestimmungsgrößen flexibler Montagesysteme

1.2 Einsatz der rechnergestützten Simulation als Planungsmethode

Die Methoden der rechnergestützten Simulation können für die unterschiedlich-
sten Planungsaufgaben im Bereich der flexiblen Montage eingesetzt werden. Die
Auswahl des richtigen Simulationssystems ergibt sich aus der entprechenden
Zielsetzung der jeweiligen Planungsaufgabe [6].

Die Auswahl geeigneter Roboter, Transportsysteme und Teilebereitstelleinrichtungen, sowie deren Konfiguration zu einem Zellen- oder Anlagenlayout kann
wesentlich durch graphische Simulationsprogramme unterstützt werden. Diese
Systeme gestatten es, automatisierte Montageabläufe vorab zu simulieren [7,8].
Die mit Hilfe eines solchen Systems gewonnenen Bewegungen eines Handha-
bungssystems, die im Hinblick auf kurze Zykluszeiten und günstige Armkonfigu-
rationen optimiert wurden, werden zur Off-line-Programmierung automatisch in
die Programmiersprache des eingesetzten Roboters umgesetzt. Darüber hinaus
können auch andere Steuerungskonzepte auf unterschiedlichen Hierarchieebenen
(z.B. Zellenrechner) realitätsnah getestet werden. Die Geometrie der zu handha-
benden Werkstücke sowie auch die Roboter und Peripherieeinrichtungen werden
mit Hilfe eines CAD-Systems nachgebildet und in einer CAD-Datenbasis gespeichert, aus der sie jederzeit wieder abgerufen werden können.

Der wirtschaftliche Betrieb eines flexiblen Montagesystems ist nur möglich, falls
die als optimal ermittelten Betriebsparameter über eine längere Zeitspanne bei
möglichst störungsfreiem Betrieb eingehalten werden können. Mit Hilfe rechnergestützter Verfahren kann das zeitliche und kapazitive Verhalten dieser Anlagen
untersucht werden. Als geeignetes Hilfsmittel für diese Aufgaben bieten sich die
Verfahren der diskreten Simulation [9][1] an. Damit ist es möglich, die für den Betrieb notwendigen Prozeßführungsstrategien bereits vor der Erstellung einer Anla-

----

1. Nach VDI-Richtlinie 3633 wird der Begriff Simulation in der folgenden Form
definiert:

*"Simulation ist die Nachbildung eines dynamischen Prozesses in einem Modell,
um zu Erkenntnissen zu gelangen, die auf die Wirklichkeit übertragbar sind."*

ge zu planen und zu optimieren und auch später während der Betriebsphase zu überwachen. Grundlegende Darstellungen dieser Methodik sind in [10-15] zu finden. Entsprechend den Anforderungen an die einzusetzenden Werkzeuge kann in der Produktionstechnik zwischen der Systemstruktursimulation in Planungszeit und der Prozeßsimulation in Echtzeit unterschieden werden [16].

Die Anwendungen der Simulationstechnik im Fertigungsbereich sind sehr zahlreich, behandeln aber meist nur Teilprobleme. Es existieren eine Vielzahl von ausgeführten Modellen speziell für die Planung und Steuerung flexibler Fertigungssysteme [25-28]. Die graphisch dynamische Prozeßsimulation orientiert sich dabei mehr an den technischen Verfahren und dient haupsächlich zum Programmtest und zur Optimierung von Zerspanungs- und Fügeprozessen und deren Überwachung [17,18]. Auf dem Gebiet der Planung ist der Einsatz mathematischer Methoden, Verfahren und Modelle am weitesten fortgeschritten. Die rechnergestützte Simulation wird ausgehend von einer systemtheoretischen Betrachtungsweise der stattfindenden Prozesse zur Unterstützung bei der Layoutplanung sowie für Steuerungsaufgaben eingesetzt [19-24]. Aus der umfangreichen Literatur über die Anwendung der Simulation in der Werkstattsteuerung sollen an dieser Stelle beispielhaft auf die Übersichtsarbeiten von DÖRKEN [40] und BLACKSTONE u.a. [24] hingewiesen werden. Die Ablaufschemata weiterer Simulatoren für die Werkstattsteuerung sind in der Arbeit von SCHMIDT [41] dargestellt.

Im Bereich der flexiblen Montage ist die Anwendung der Simulationstechnik noch nicht so weit verbreitet wie in der Teilefertigung. Der Grund liegt vor allem darin, daß sich heutzutage nur wenige flexible Montagesysteme im praktischen Einsatz befinden, auch wenn die notwendigen Einzelkomponenten wie Industrieroboter, Rechner, Sensoren und Transportsysteme verfügbar sind und einen hohen Leistungsstand aufweisen [29]. Das umfassendste Werkzeug zur rechnerunterstützten Planung flexibler Montagesysteme wäre ein vollständiges, parametrisierbares Modell, das die später in der realen Anlage ablaufenden Prozesse exakt abbildet. Aufgrund der Komplexität solcher Anlagen sind die Wirkungszusammenhänge der in einem flexiblen Montagesystem ablaufenden Prozesse nur in einem begrenzten Umfang bekannt. Die Modellbildung und Simulation flexibler Montagesysteme wird daher ungemein erschwert [30]. Existierende Simulationsmodelle im Bereich der Montage dienen deshalb nur zur Untersuchung von eindeutig beschreibbaren Teilproblemen.

Weit verbreitet ist bereits der Einsatz von Simulationsmodellen zur Auslegungsplanung von Materialflußsystemen, wie sie auch in flexiblen Montagesystemen eingesetzt werden. Für den Einsatz der Simulation in der Materialflußplanung lassen sich zwei Bereiche unterscheiden:

1. Zur Untersuchung des Materialflusses von bestehenden flexiblen Fertigungssystemen existieren Simulatoren, die den Materialfluß innerhalb dieser Systeme abbilden, der durch spurgebundene Flurförderfahrzeuge vorgenommen wird. Die Abläufe werden durch eine graphische Ausgabe am Bildschirm und durch ausgedruckte Protokolle überprüft [31].

2. Zur Neuplanung von Materialflußsystemen gibt es graphische Arbeitsplatzsysteme, die den Planer bei der Modellbildung unterstützen. Der Planer hat die Möglichkeit, durch eine iterative Vorgehensweise an Hand der Simulationsergebnisse die Planungsausgangssituation z.B. durch Modifikation der Netzwerksstruktur oder der Steuerungsstrategien zu verändern. Statistische und graphische Ausgaben erleichtern und vereinfachen die Analyse der simulierten Prozeßabläufe [32]. Besonders durch den Einsatz des Mediums Film wird der Systemablauf transparent und qualitativ überschaubar gemacht [33].

Für die Planung der Prozeßführung auf Anlagenebene existieren eine Reihe von Arbeiten, die das kapazitive und zeitliche Verhalten konventioneller Montagelinien oder von verketteten Montagestrukturen mit stationären Handhabungsgeräten untersuchen [34]. Die internen und externen Einflußgrößen auf die Kapazität einer Anlage können mit diesen Systemen untersucht werden und Lösungsalternativen beurteilt werden. Die Daten für das Simulationsmodell können als Istdaten eingegeben werden oder künstlich erzeugt werden, falls sie, wie häufig im

Planungsstadium, fehlen [35-38]. Zur Grobplanung des Anlagenlayouts kann ein Simulator eingesetzt werden, um die Anordnung der Bereiche zu optimieren. In [39] wird ein Ansatz vorgestellt, der mit Hilfe von CAD-Systemen erstellte Layouts als Simulationsmodelle zur strukturellen Optimierung nutzt.

Das Defizit der vorgestellten Simulationswerkzeuge liegt hauptsächlich darin, daß diese nicht nur auf unterschiedlichen Strukturierungskonzepten und Methoden aufbauen, sondern daß sie auch unnötigerweise unterschiedlichste Benutzeroberflächen und Ergebnisdokumendationen aufweisen [20]. Der Planer, der für seine Arbeit das Werkzeug Simulation einsetzen will, ist gezwungen, sich entweder in die komplizierte Bedienung des verwendeten Simulationssystems einzuarbeiten, oder für die Modellerstellung einen Experten hinzuzuziehen. Die für eine Simulationsstudie erforderlichen Daten müssen mit erheblichem Aufwand aufbereitet und in diese Simulationssysteme eingegeben werden, obwohl die Daten oft schon in anderen Planungswerkzeugen, wie CAD-Systemen implizit vorliegen. Die heutigen Simulationssysteme bieten in der Regel keine Integration von Optimierungsverfahren an, die den Experimentieraufwand zur Suche der günstigsten Lösungsalternative automatisieren könnten.

Der Einsatz von wissensbasierten Methoden und Werkzeugen der küstlichen Intelligenz für die Simulation auf Anlagenebene steht noch am Anfang. Die bisher vorliegenden Ansätze nutzen die Vorteile, die die deklarative und interpretative Natur dieser Expertensystemsprachen bietet, um dem Anwender eine Modellierung zu erlauben, die nahe an seiner Systemvorstellung liegt. In die Wissensrepräsentationsformalismen dieser Sprachen, die die Grundlage eines solchen Simulationssystems bilden, wurde ein einfacher ereignisorientierter Simulationsmechanismus integriert, der die Modellierung von Problemen, zum Beispiel aus dem Materialflußbereich, erlaubt [42]. Die Strukturkomponenten von Produktionssystemen und deren funktionale Eigenschaften werden mit Hilfe eines objektorientierten Ansatzes auf der Basis eines LISP-Rechners modelliert. Durch ein integriertes wissenbasiertes System wird ein Modell aus einzelnen Bausteinen zusammengebaut [43].

1.3 Ziel der Arbeit und Vorgehensweise

Die rechnergestützten Planungshilfsmittel CAD-Systeme, Simulatoren und Optimierungsstrategien erlauben es schon heute, bei bestimmten Teilaufgaben der Planung den Wirkungsgrad der menschlichen Arbeit zu verbessern. Daher liegt die Forderung nahe, in einem nächsten Schritt diese Hilfsmittel nicht nur zur Lösung von Einzelaufgaben anzuwenden, sondern sie zu einem ganzheitlichen Planungswerkzeug zu integrieren. Im Rahmen dieser Arbeit soll ein Simulationssystem erarbeitet werden, das sich durch die Verknüpfung von CAD-Technologie, Optimierungsverfahren und Simulationsmodell als praxistaugliches Planungshilfsmittel im Bereich der flexiblen Montage eignet.

Wichtig für die Akzeptanz der Simulationstechnik als Planungsinstrument ist eine an die gewohnte Beschreibungssprache von Ingenieuren in der Planung angepaßte Bedienoberfläche der Simulatoren. Die automatische Generierung der meisten Simulationsdaten und die Modellbeschreibung mit dem Anwender vertrauten Mitteln erlaubt es, Simulationsstudien auch von Planern durchführen zu lassen, die keine Simulationsexperten sind. Durch die Integration eines Simulators in ein CAD-System besteht die Möglichkeit, die am CAD-System erstellten Layouts rechnerisch zu überprüfen, ohne den Konstuktionsprozeß verlassen zu müssen. Der Beschreibungsaufwand für die Modellerstellung sollte minimal sein. Aus diesem Grund sollte so weit wie möglich auf bereits vorhandene Daten aus anderen Planungssystemen zurückgegriffen werden.

Die Koppelung des Simulationsmodells mit einem CAD-System ermöglicht es, Daten, die bereits bei der Layoutplanung erzeugt wurden, direkt für die Simulation bereitzustellen. Bei der Verwirklichung dieser Forderung stößt man allerdings nicht nur auf Schnittstellenprobleme zwischen diesen Planungswerkzeugen. Bedingt durch die unterschiedlichen Einsatzbereiche der beiden Planungshilfsmittel ergeben sich unterschiedliche Genauigkeitsforderungen an die zu verarbeitenden Daten. Um die Daten des CAD-System im Simulationsmodell verwenden zu können, müssen diese analysiert und entsprechend den Anforderungen des Planungswerkzeugs Simulationsmodell aufbereitet oder ergänzt werden.

Der Planer erzeugt am CAD-System ein zunächst statisches Modell der geplanten Anlage. Damit für das Simulationssystem ein ablauffähiges Modell entsteht, muß dieses mit entsprechenden Steuerungsstrategien verknüpft werden. Die Eingabe dieser Ablaufregeln soll nicht manuell erfolgen, sondern durch Hilfsprogramme unterstützt werden. Durch die Verknüpfung des Simulationsmodells mit einem Optimierungsalgorithus können Strategien zur Steuerung des eingesetzten Transportmittels automatisch erzeugt werden, die in Bezug auf ihr zeitliches Verhalten minimiert sind. Diese, durch Simulationsexperimente gewonnenen Regeln, können später als Steuerungsstrategien in der Betriebsphase der Anlage zur Verfügung gestellt werden. Im Anschluß an einen Simulationslauf soll die Möglichkeit bestehen, durch eine graphische Analyse die optimierten Layouts im Hinblick auf ihre technische Machbarkeit zu überprüfen.

Im Rahmen dieser Arbeit soll zuerst ausgehend von dem Begriff und der Bedeutung der flexibel automatisierten Montage der mögliche Einsatz rechnerunterstützter Methoden aufgezeigt werden. Wichtig für den Einsatz der Simulation als Planungsinstrument ist die Auswahl des richtigen Werkzeugs für die durchzuführende Aufgabe. Bei der Planung flexibler Montagesysteme ergeben sich unterschiedliche Aufgabenstellungen, die sich hinsichtlich ihrer planerischen Freiheit und der Genauigkeit der zur Verfügung stehenden Daten unterscheiden. Abgeleitet aus den generellen Zielen der Fabrikplanung werden deshalb die Aufgaben und Zielsetzungen bei der Planung flexibler Montagesysteme strukturiert, um die Auswahl des geeignetsten Planungswerkzeugs zu ermöglichen. Unterschieden wird dabei zwischen den einzelnen Grundtypen der Neu-, Erweiterungs und Umstellungsplanung. Da die Layoutplanung die komplexeste Phase des Planungsprozesses darstellt, werden die Möglichkeiten und Grenzen der Layoutoptimierung mit Rechnerunterstützung aufgezeigt und bewertet.

Die bestimmende dynamische Größe in einem flexiblen Montagesystem ist der Materialfluß. Rechnergestützte Methoden und Verfahren, die zur Optimierung der Transportwege in vorhandenen Anlagen eingesetzt werden sollen, werden vorgestellt und im Hinblick auf ihren Einsatz in einem Simulationssystem bewertet. Die Entkopplung der einzelnen Stationen eines flexiblen Montagesystems durch Puffer bewirkt, daß systembedingte Unterbrechungen und Schwankungen des Arbeitsablaufs an einzelnen Stationen ohne Einfluß auf vor- oder nachgeschaltete Stationen bleiben. Es werden Verfahren zur Optimierung dieser Puffer diskutiert, wobei zwischen Störungspuffern, Zwischenpuffern und Ausgleichspuffern unterschieden wird. Aufbauend auf diesen Erkenntnissen wird ein praktischer Lösungsweg entwickelt, wie die Puffer von flexiblen Montagesystemen mit Hilfe der Simulationstechnik dimensioniert werden können.

Für die Behandlung von Problemen aus dem Materialflußbereich eignet sich besonders die Graphentheorie. Für den Einsatz in einem Rechner müssen diese Verfahren in eine computerverständliche Form übergeführt werden. Die Matrixdarstellung und die Listendarstellung werden dargestellt, wobei sich die Listendarstellung besonders zur Weiterverarbeitung dieser Graphen mit Optimierungsalgorithmen eignet. Verfahren, die zur Bestimmung von kritischen Wegen in Netzplänen dienen, können zur Lösung von Problemen herangezogen werden, wie sie beim Einsatz und der Planung von Materialflußsystemen auftreten. Die wichtigsten Algorithmen, die zur Optimierung der Fahrkurse von fahrerlosen Transportsystemen in flexiblen Montagesystemen geeignet sind, werden angegeben und bewertet.

Die Voraussetzung für einen erfolgreichen Einsatz der Simulation im Bereich der flexiblen Montage ist die Entwicklung eines wirklichkeitsgetreuen, zweckorientierten und simulierbaren Modells. Die Anwendungsmöglichkeiten eines systemtheoretischen Ansatzes, der die Entwicklung von komplexen Simulationsmodellen unterstützt, werden untersucht. Ausgehend von den Zielen der *Allgemeinen Systemtheorie* wird ein flexibel automatisiertes Montagessystem aus systemtheoretischer Sicht analysiert und Regeln für die Modellbildung abgeleitet. Der nächste Schritt, die Auswahl des richtigen Simulationswerkzeuges und die Übertragung des formalen Modells in ein ablauffähiges Simulationsmodell, wird betrachtet. Dazu werden die vorhandenen Simulationsverfahren klassifiziert und in Bezug auf Ihre Eignung zur Simulation flexibel automatisierter Montagesysteme untersucht. Aufbauend auf diesen Erkenntnissen wird eine praktische Vorgehensweise zur Modellbildung und Simulation von flexiblen Montagesystemen entwickelt.

Der Aufbau und die Handhabung des im Rahmen dieser Arbeit entwickelten integrierten Simulationsmodells, das die erarbeiteten Kenntnisse berücksichtigt, wird erläutert. Der Einsatz des Systems wird bei der Untersuchung des Verhaltens einer Pilotanlage gezeigt, die im Labor des Instituts für Werkzeugmaschinen und Betriebswissenschaften der Technischen Universität München aufgebaut wurde und zur Montage von Pkw - Türen diente. Das entwickelte Modell unterscheidet sich von anderen bisher veröffentlichten Simulationshilsmitteln, vor allem durch die Integration eines Simulationsmodells und eines Optimierungsprogramms zur automatischen Generierung von Regeln zur Ablaufsteuerung in einem CAD-System. Der Leistungsumfang des Modells und die Struktur der gewählten Simulationssprache GPSS-F III werden beschrieben. Für eine flexible Handhabung wird eine allgemeine Montagestation entwickelt, die durch das Setzen von Parametern an die meisten Problemstellungen angepaßt werden kann. Die Generierung der Ablaufregeln für das Transportsystem erfolgt mit Hilfe eines FORD-Algorithmus. Dieser Algorithmus wird um mehrere Restriktionen erweitert, um den Problemstellungen, wie sie bei der Steuerung von fahrerlosen Transportsystemen in flexiblen Montagesystemen auftreten, gerecht zu werden.

Die Aufbereitung der Daten des CAD-Systems für das Simulationsmodell erfolgt durch ein speziell dazu entwickeltes Analyseprogramm. Das Programm ist in das CAD-System eingebunden und dessen Befehle sind denen des CAD-Systems hinterlegt. Während des Konstruktionsprozesses werden automatisch die für ein Simulationsexperiment notwendigen Daten des Layouts extrahiert und aufbereitet. Fehlende Daten können durch Eingabemasken ergänzt werden. Das ebenfalls in das Simulationssystem integrierte Programm Hüllkurve unterstützt den Planer während seiner Konstruktionstätigkeit am CAD-System bei der Lösung kinematischer Probleme, wie die Kollisionserkennung von Transportsystem mit einzelnen Stationen. Ausgewählte Systemzustände an den einzelnen Stationen und den jeweiligen Transportsystemen können vom Simulationssystem in das aktuelle Layout eingeblendet werden, um wichtige Ergebnisse zu visualiseren, ohne daß der Konstruktionsprozeß verlassen zu werden braucht. Der Planer kann auf Grund der erhaltenen Ergebnisse seinen Entwurf modifizieren, erneut simulativ überprüfen und so durch eine iterative Vorgehensweise sein Layout optimieren.

2. Montage und Montagesysteme

2.1 Die Stellung der Montage innerhalb des Gesamtsystems Unternehmen

Die Aufgabe der Produktion besteht darin, nach Maßgabe eines vom Markt abgeleiteten Produktionsprogramms oder auf Grund von Kundenaufträgen termingerecht und wirtschaftlich die geforderten Güter herzustellen. Die vor- und nachgeschalteten Funktionsbereiche Beschaffung und Vertrieb stellen über den Beschaffungsmarkt bzw. den Absatzmarkt die Verbindung des Unternehmens mit der Umwelt her. Die funktionale Gliederung der Produktion erfolgt in klassischer Weise in die Bereiche Konstruktion, Arbeitsvorbereitung, Teilefertigung und Montage, wobei Teilefertigung und Montage sich als eigentliche Vollzugsbereiche der Konstruktion und Arbeitsvorbereitung anschließen *(Bild 2)*. Die einzelnen Funktionsbereiche sind durch prozeßabhängige Schnittstellen miteinander verknüpft, deren Anzahl vor allem von der Komplexität der bei der Leistungserstellung ablaufenden Informations- und Materialflüsse abhängt.

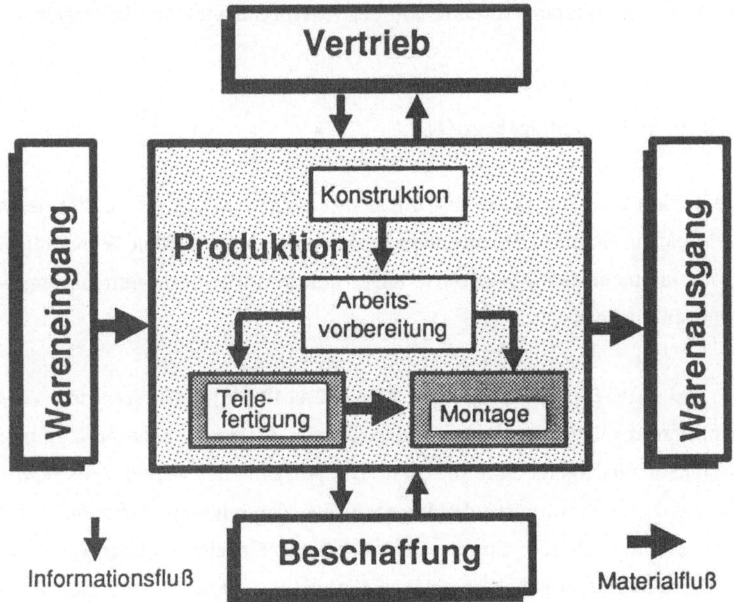

Bild 2: Die Stellung der Montage im Produktionsgeschehen

Die Montage als der letzte Schritt im betrieblichen Produktionsgeschehen ist von besonderer Bedeutung, weil hier die Ergebnisse aller vorhergehenden Funktionsbereiche vereinigt werden. Da eine Vielzahl technischer und organisatorischer Faktoren aus anderen Produktionsbereichen in diesen Bereich einwirken, stellt die Montage das Sammelbecken aller technischen und organisatorischen Fehler dar [44]. Auf Grund dieser engen Verflechtung mit den anderen Produktionsbereichen darf die Montage nicht als isoliertes System betrachtet werden, sondern muß immer als integrierter Bestandteil des übergeordneten Produktionssystems angesehen werden. Die Vorraussetzung für eine reibungslose Zusammenarbeit der Montage mit den übrigen Produktionsbereichen ist nach HOELKEN ein regelmäßiger und lückenloser Informationsfluß zwischen allen am Produktionsprozeß beteiligten Stellen [45]. Die Arbeitsvorbereitung als Bindeglied zwischen Konstruktion und Teilefertigung/Montage hat deshalb die zusätzliche Aufgabe der Informationskoordination [46]. Auf diese Weise ist neben einem reibungslosen Ablauf auch gewährleistet, daß die in der Montage gemachten Erfahrungen in den vorangehenden Produktionsbereichen genutzt werden, und so zu einer iterativen Verbesserung des Produkts und der Auftragsabwicklung beitragen.

2.2 Definition des Montagebegriffs

Die Definition der Montage in der Literatur erfolgt sehr unterschiedlich je nachdem wie genau die dabei ablaufenden Prozesse aufgelöst werden. Von Einfluß ist auch, ob eine mehr ablauforientierte oder funktionsorientierte Betrachtungsweise der Autoren vorliegt.

ARLT und MIESE [47], sowie auch BRANKAMP [48] definieren den Vorgang des Montierens allgemein als das Aufbauen von Systemen höherer Komplexität aus Systemen niedrigerer Komplexität. Die Aufgabe der Montage als dem letzten Produktionsabschnitt besteht demnach aus Vereinigungsprozessen. Man gelangt danach in mehreren Stufen, beginnend mit Einzelteilen über Systeme niedriger Komplexität zu höher komplexen Einheiten, und schließlich zum Endprodukt *(Bild 3)*.

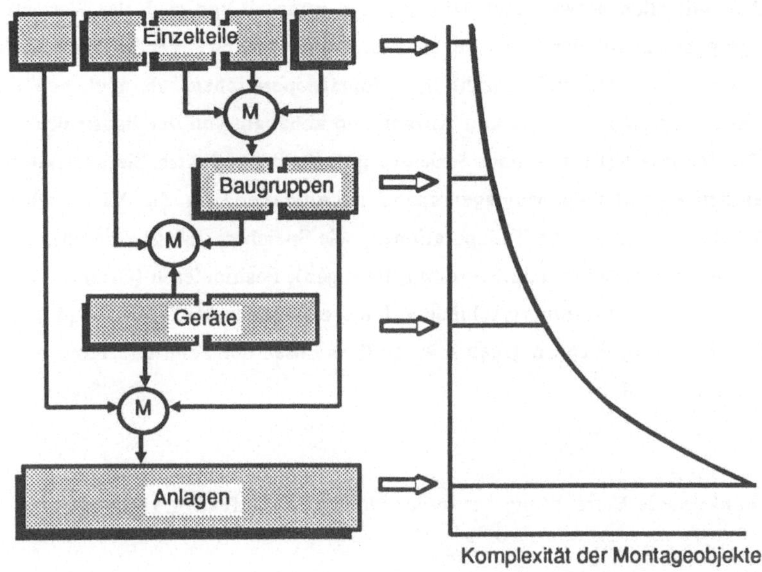

Bild 3: Prinzip der Montage [50]

PETRI [49] definiert die Montage mehr funktionsorientiert. Sie besteht bei ihm in der Verkettung von Handhabungstechnik und Verbindungstechnik. MIESE [50] definiert die Montage genauer als einen Funktionskomplex, der "selbst wieder die Funktionsbereiche Zubringen (Handhaben), Kontrollieren der richtigen Beschaffenheit der zu verbindenden Einzelteile und Baugruppen, sowie der fertiggestellten Verbindungen, und schließlich das Fügen als der zentralen Aufgabe der Montage" enthält. Eine ablauforientierte Betrachtungsweise liegt der Definition von PÄSSLER [51] zugrunde, der die Montage je nach der Art der Montageverrichtungen in 4 Hauptgruppen untergliedert. Er unterscheidet zwischen Montagevorbereitungsarbeiten, die durch montagegerechte Produktgestaltung teilweise vermieden werden können, wie Justieren durch Passen und Einstellen, Fügen durch lösbare und feste Verbindungen, sowie Demontagearbeiten.

PAHL und BEITZ [52] definieren die Montage objektorientiert als den "Zusammenbau mit allen notwendigen Hilfsarbeiten während und nach der Werkstückfertigung, sowie auf der Baustelle. Aufwand und Qualität einer Montage hängen sowohl von der Art und Anzahl der Montageoperationen, als auch von ihrer Durchführung selbst ab. Art und Anzahl sind abhängig von der Baustruktur und der Fertigungsart (Einzel- oder Serienfertigung) des Produktes. Sie untergliedern dabei den eigentlichen Montagevorgang in Anlehnung an die VDI-Richtlinie 3239 [53] in verschiedene Teiloperationen, wie Speichern (Magazinieren), Werkstückhandhabung (Erkennen,Ergreifen, Bewegen), Positionieren (Orientieren und ausrichten), Fügen durch verschiedene Fügeverfahren nach DIN 8593 [54], Einstellen (Justieren), Sichern gegen selbständiges Lösen der Teile und Kontrollieren (Messen und Prüfen).

2.3 Funktionale Betrachtung der in der Montage ablaufenden Vorgänge

Auslöser eines jeden Montagevorgangs ist eine Montageaufgabe, die allgemein darin besteht, einfache Objekte nach vorgegebenen Regeln zu Objekten höherer Komplexität zu vereinen. Charakterisiert wird die Montageaufgabe durch die konstruktive Ausführung der Produkte (produktbezogene Daten) und durch die Produktionsstückzahlen (produktionsbezogene Daten) [55]. Voraussetzung für die eigentliche Durchführung eines Montagevorgangs ist neben den zu montierenden Objekten die Bereitstellung von Raum, Energie sowie Informationen über die Art und Reihenfolge der anfallenden Montageoperationen [56]. Die Montagevorgänge lassen sich selbst in 3 Funktionsbereiche einteilen. Neben dem Funktionskomplex *Montieren* umfaßt ein Montagevorgang auch die Funktionsbereiche *Lagern* und *Transportieren (Bild 4)*.

Der Bereich *Lagern* dient der Bereitstellung der für den Montageprozeß benötigten Montageobjekte und deren Zwischenspeicherung vor dem nächsten Montagevorgang im Verlauf des Aufgabenfortschritts. Der Funktionsbereich *Transportieren* stellt die Verbindungen in der räumlichen Struktur dar, die auf Grund der beiden anderen Funktionskomplexe Montieren und Lagern gebildet wird. Die

Transportfunktion ist dabei für den im Verlauf des Arbeitsfortschritts notwendigen Ortswechsel der Montageobjekte maßgebend. Der Funktionskomplex *Montieren* umfaßt die Unterfunktionen *Zubringen*, *Kontrollieren* und *Fügen*. Wegen ungenügender Vorbereitung der Montageobjekte in der Teilefertigung können zusätzliche mechanische Anpaßarbeiten der Montage zugeordnet werden.

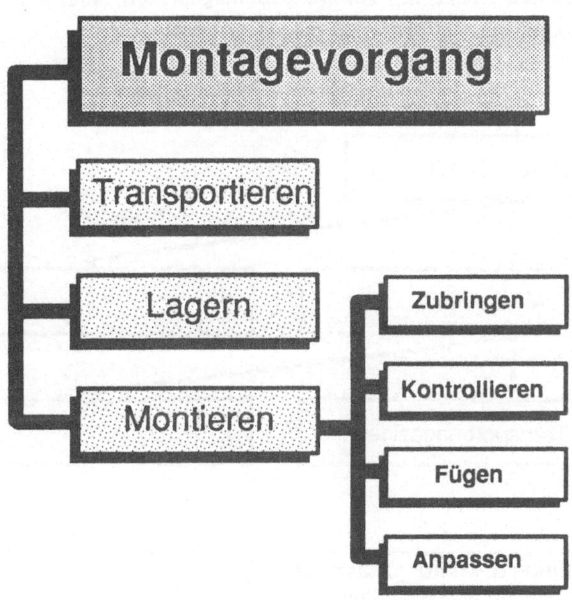

Bild 4: Funktionsbereiche eines Montagevorgangs

Während mit dem Begriff *Montage* die Realisierung aller zum Zusammenbau von Produkten erforderlichen Tätigkeiten gemeint ist, versteht man unter dem eigentlichen Montageprozeß den nach bestimmten Gesetzmäßigkeiten ablaufenden Fortgang dieser Zusammenbauaktivitäten. Kennzeichnend für einen Montageprozeß ist neben den Montagevorgängen (Transportieren, Zusammenführen, Schrauben, u.s.w.) und dem Montageablauf, der die Art und Reihenfolge der Montagevorgänge festlegt, auch die Prozeßstruktur. Diese beschreibt die Aufteilung der Montagevorgänge in Abschnitte, die unabhängig voneinander und zeitlich parallel durchführbar sind.

Die Festlegung eines Montageprozesses erfolgt in Schritten, die sich verschiedenen Ebenen eines hierarchisch strukturierten Entscheidungsmodells zuordnen lassen [57]. In der obersten Ebene werden grundsätzliche Entscheidungen über das Materialflußkonzept oder die prinzipielle Montagestruktur festgelegt. Mit zunehmender Tiefe der Entscheidungsebenen steigt der Konkretisierungsgrad, bis auf der untersten Ebene der konkrete Montageprozeß, analog der gestaltenden Phase bei der Produktkonstruktion, festgelegt wird *(Bild 5)*.

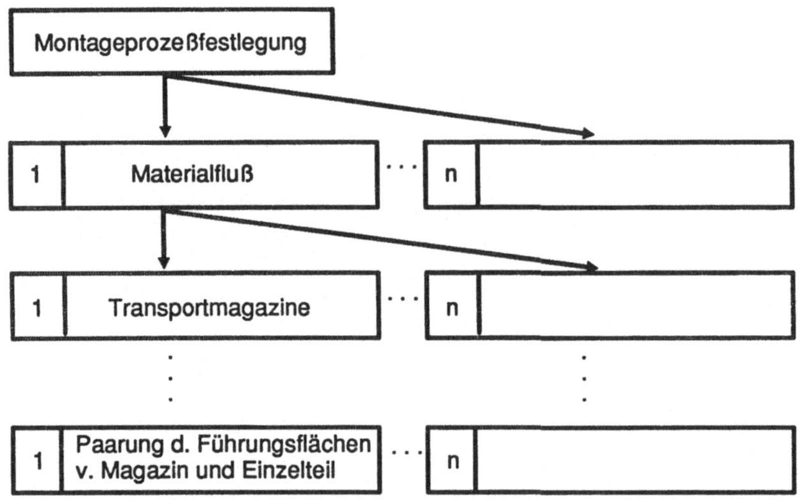

Bild 5: Entscheidungsebenen bei der Montageprozeßfestlegung [57]

Während durch den Montageprozeß in erster Linie die technologischen Aspekte der Montagetätigkeit beschrieben werden, können durch den Montagetyp die Bedingungen festgelegt werden, unter denen der Montageprozeß durchgeführt wird. Der Montagetyp und der Montageprozeß bestimmen gemeinsam die Gestaltung des Montagesystems, das zur eigentlichen Realisierung der gestellten Arbeitsaufgabe dient.

2.4 Flexible Montagesysteme zur Lösung von Montageaufgaben

2.4.1 Einsatzziele flexibler Montagesysteme

Aus der allgemeinen Zielsetzung der Automatisierung, Rationalisierungspotentiale zu nutzen, lassen sich konkrete Einzelziele ableiten, die man durch den Einsatz von flexible Montagesystemen erreichen möchte. Die Forderung des Marktes, auch bei einer individuellen Produktausstattung und stark schwankendem Auftragseingang, kurze Lieferzeiten zu garantieren, bedingt eine endgültige Festlegung der Montagetätigkeiten möglichst nahe am Liefertermin. Durch die Reduzierung der Durchlaufzeit wird außerdem die Umlaufkapitalbindung beim Material und bei den Halb- und Fertigfabrikaten minimiert. Selbst bei geringen Stückzahlen und kleinen Losgrößen soll stets eine konstant hohe Qualität der Produkte bei geringen Kosten und kurzer Durchlaufzeit erreicht werden. Die Flexibilität der Anlagen soll garantieren, daß bei Schwankungen und Störungen eine hohe Auslastung der Betriebsmittel gewährleistet bleibt, und außerdem eine schnelle Anpassung an Produktänderungen möglich ist.

Einen möglichen Einsatzschwerpunkt von flexiblen Montagesystemen bildet die Fahrzeugzeugindustrie, da in der Montage ca 40% - 50% der Gesamtfertigungszeit eines Automobils anfallen [58]. Die Steigerung des Kostenanteils Montagestückkosten ist zum großen Teil auf die vielen Ausstattungskombinationen und Sonderünsche, sowie auf die spezielle Produktstruktur im Automobilbau zurückzuführen [59]. Eine genauere Untergliederung verschiedener Montagezeiten in diesem Bereich zeigt, daß gegenüber der Aggregatemontage hauptsächlich die Karosserie- und Endmontage relativ zeitaufwendig ist. Aus diesem Grund ist der Einsatz flexibel automatisierter Systeme speziell in diesem Bereich gerechtfertigt. In diesem Bereich ist noch ein sehr großes Rationalisierungspotential vorhanden, da auf Grund der Komplexität der Handhabungsvorgänge, der Automatisierungsgrad noch gering ist. Im Gegensatz dazu stehen die Gebiete Umformtechnik, Zerspanung und Schweißtechnik, wo bereits heute ein Automatisierungsgrad von 50% erreicht wird [51].

2.4.2 Bestandteile flexibler Montagesysteme

Der Aufbau und die Struktur eines flexiblen Montagesystems werden weitgehend durch die auszuführenden Montagevorgänge und den Montageablauf der zu montierenden Objekte bestimmt. Der Montageablauf selbst wird in starkem Maße durch den konstruktiven Aufbau der Montageobjekte festgelegt. Die Zuordnung einzelner Tätigkeiten zu bestimmten Montagestationen kann deshalb nur innerhalb enger Grenzen variiert werden, die entsprechend dem konstruktiv vorgegebenen Montageablauf hintereinandergeschaltet werden. Die Belegung der jeweiligen Stationen im Betrieb erfolgt dann in erster Linie durch die von der Kapazitätsplanung vorgegebenen Ablaufstruktur.

Je nach der geforderten Stückzahl und Menge der Produktion ergeben sich unterschiedliche Ausprägungen des einzusetzenden Montagesystems. Beispielsweise wird man bei Großserien das Fließprinzip vorziehen, das durch eine Reihe miteinander verketteter Baukastenautomaten verwirklicht werden kann. Bei kleineren Losgrößen wird man einer Organisationsform nach dem Werkstättenprinzip den Vorzug geben, welche sich durch Systeme realisieren läßt, die aus einer Reihe programmierbarer Montagestationen, mit Montagerobotern als zentrale Komponenten, aufgebaut sind [60]. Die materialflußtechnische Verkettung der einzelnen Stationen kann in beiden Fällen durch flexible Transportsysteme, wie zum Beispiel durch induktive Flurförderfahrzeuge, erfolgen.

Die einzelnen Stationen eines flexiblen Montagesystems können je nach der geforderten Aufteilung der Montagetätigkeit, oder der durch die unterschiedlichen Montageinhalte vorgegebenen Kapazitätsstruktur, typflexibel oder typgebunden sein [61]. An typflexiblen Stationen können alle Objekte bearbeitet werden, die dem Montagesystem zugeordnet sind. Typgebundene Stationen sind nur für einen Teil des Spektrums von Produkttypen ausgelegt. Sie sind erforderlich, wenn bestimmte Tätigkeiten aus qualitativer oder quantitativer Sicht nicht auf der selben Station zusammengefaßt werden können. In der Praxis werden typflexible ebenso wie typgebundene Stationen in Reihe geschaltet, d.h. an diesen Stationen werden der Art nach unterschiedliche Tätigkeiten ausgeführt. Einzelne Stationen können auch als Mehrfachstation ausgeführt sein, bei der in Parallelschaltung die gleiche Montagetätigkeit durchgeführt wird.

Eine Robotermontagestation beinhaltet neben der zentralen Komponente Industrieroboter auch eine Reihe von Peripherieeinrichtungen. Der Roboter als Universalgerät kann auf Grund seiner Flexibilität mit einem geringen Umstellungsaufwand an veränderte Aufgaben angepaßt werden und deshalb bis zum Ende seiner technischen Lebensdauer genutzt werden [63]. Im Gegensatz dazu sind die weitgehend produktspezifischen Peripherieeinrichtungen (Greifer, Teilebereitstelleinrichtungen etc.) an die Laufzeit des Produkts geknüpft. Der Montageautomatisierung durch flexible Montageautomaten, die aus einem Roboter bestehen, sind jedoch technische Grenzen gesetzt. Bei komplexen Fügeaufgaben, der Montage von ungeordneten Teilen, sowie Reparaturen und Anpaßarbeiten, sind wirtschaftliche Lösungen nur vereinzelt anzutreffen, oder nicht automatisierbar [64]. Anstatt für komplexe Montagen, den Roboter mit verhältnismäßig hohem Aufwand mit weiteren Fähigkeiten auszustatten, ist es in der Regel sinnvoller, die Entwicklung einer "robotergerechten Montage" voranzutreiben, die zuerst eine automatengerechte Produktgestaltung voraussetzt.

2.4.2 Die Flexibilität als Systemeigenschaft

Neben dem Automatisierungsgrad ist die Flexibilität das kennzeichnende Merkmal von flexiblen Montagesystemen. Der vielfach zitierte, und nicht einheitlich verwendete Begriff der Flexibilität steht allgemein für die Eigenschaft eines Systems, auf veränderte Systemlasten zu reagieren. Bei flexiblen Montagesystemen steht dieser Begriff im besonderen für die Anpassungsfähigkeit dieser Anlagen an ein verändertes Produktionsspektrum [62,65]. Wesentlich für die Flexibilität des Gesamtsystems ist der Grad der Flexibilität der auf den einzelnen Stationen durchführbaren Handhabungsvorgänge. Das Maß für die Flexibilität eines Montagesystems setzt sich aus den zwei Komponenten *Vielseitigkeit* und *Anpassungsfähigkeit* zusammen [66]:

- Ein Montagesystem ist um so vielseitiger, je größer das Variantenspektrum ist, das auf dieser Anlage montiert werden kann.

- Ein Montagesystem ist um so anpassungsfähiger, je schneller und einfacher es sich innerhalb des Variantenspektrums, für das die Anlage ausgelegt wurde, auf andere Anforderungen einstellen kann. Die Anforderung an das System bezieht sich dabei auf die zu montierenden Stückzahlen je Variante und die unterschiedlichen Varianten pro Zeiteinheit.

Die Flexibilität kann unter verschiedenen Gesichtspunkten betrachtet werden. Ein Gesichtspunkt bei der Beurteilung von flexiblen Montagesystemen ist die Produktflexibilität der Anlage. Darunter kann die Anpassungsfähigkeit des Montagesystems an geänderte und neue Produkte verstanden werden, die durch eine hohe technische Flexibilität der einzelnen Stationen erreicht werden kann. Diese kann als die Universalität der Einsatzmöglichkeiten der eingesetzten Betriebsmittel für die Lösung unterschiedlichster Montageaufgaben definiert werden. Realisiert werden kann sie einerseits durch einen hohen Universalitätsgrad der möglichen Arbeitsinhalte der Handhabungsfunktionen, die von den einzelnen Komponenten einer Montagestation durchführbar sind, andererseits durch eine gute Umrüstmöglichkeit der Stationen.

Die kapazitive Flexibilität eines Montagesystems wird durch die Speicher- und Erweiterungsmöglichkeit der Anlage oder einzelner Stationen beschrieben. Die Speichermöglichkeit eines Systems ist die Fähigkeit, Arbeitsvorräte an einzelnen Montageabschnitten zu bilden, um Auslastungsunterschiede zwischen einzelnen Arbeitschritten der jeweiligen Stationen auszugleichen, oder um Störungen bis zu deren Beseitigung abzufangen. Technisch kann dies durch Puffer realisiert werden, die den einzelnen Stationen vor- oder nachgeschaltet sind. Die Erweiterungsflexibilität einer Anlage ist vorhanden, wenn durch gezielte Maßnahmen die Durchsatzleistung des Systems erhöht wird, und diese somit an wirtschaftliche Gegebenheiten angepaßt werden kann. Dies könnte beispielsweise durch eine Änderung der Montageverfahren bei höheren Stückzahlen erreicht werden.

3. Planung flexibel automatisierter Montagesysteme

3.1 Die Aufgabe der Planung

Die Planung flexibel automatisierter Montagesysteme ist ein vielseitiges, komplexes und weitläufiges Planungsgebiet, in dem verschiedene Teilaufgaben durch eine einheitliche Zielsetzung zu einem geschlossenen Ganzen zusammengefaßt werden [67-69]. Die Planung ist dabei als die gedankliche Vorwegnahme zukünftiger Aktivitäten zu verstehen, welche den Entwurf und den Betrieb der zu planenden Anlagen aktiv beinflussen will, um eine zielorientierte Aufgabenerfüllung der einzusetzenden Betriebsmittel zu erreichen. Bereits bei der Planung werden die Weichen für die Funktiontüchtigkeit und den Gebrauchswert der späteren Anlagen gestellt.

Die Aufgaben der Planung im Bereich flexibler Montagesysteme können in die Bereiche Layoutplanung und Ablaufplanung unterteilt werden, die sich hinsichtlich des Orts- und Zeitbezugs der Zielgrößen unterscheiden *(Bild 6)*. Die Layoutplanung dient zur zweckentsprechenden Auslegung der Struktur des Montagesystems und will eine optimale Anordnung der Betriebsmittel erreichen. Sie umfaßt sowohl die Neuplanung als auch die Umstellungs- und Erweiterungsplanung bestehender Anlagen. Die Ablaufplanung sorgt für die Steuerung des Einsatzes (Ablaufsteuerung) der einzelnen Komponenten. Die in der Planung gewonnenen Steuerungsstrategien können anschließend direkt zur Ablaufsteuerung des Montagesystems verwendet werden.

Die verschiedenen Aufgabenstellungen, die sich bei der Neuplanung, Erweiterungsplanung oder Umstellungsplanung von flexiblen Montagesystemen stellen, unterscheiden sich auch hinsichtlich ihrer planerischen Freiheit und der Genauigkeit der zur Verfügung stehenden Daten. Bei einer Neuplanung können, ausgehend vom Montageprozeß, die einzelnen Montagestationen, Transportmittel und Peripherieeinrichtungen ohne Berücksichtigung bestehender Anordnungen, und unter Umständen ohne Berücksichtigung von Gebäudegrundrissen, zu einem kompletten System zusammengefügt werden. Diesem Maximum an planerischen Freiheitsgraden steht jedoch oft eine relativ geringe Genauigkeit der Ausgangsdaten gegenüber.

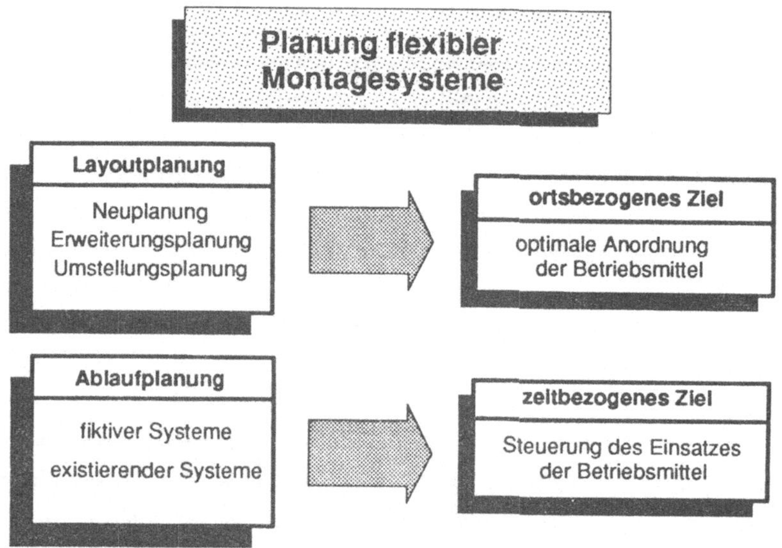

Bild 6: Klassifizierung der Planung flexibler Montagesysteme nach Orts- und Zeitbezug der Planungsziele

Bei einer Erweiterungsplanung müssen einem bestehenden Layout weitere Betriebsmittel (Montagestationen, Fahrspuren für das Transportsystem, Läger) angegliedert werden. Die in diesem Planungsfall bereits vorhandenen, und damit vorgegebenen Teilsysteme, schränken die planerischen Freiheitsgrade ein. Im Extremfall kann es nicht möglich sein, eine Erweiterung am ursprünglichen Layout so durchzuführen, daß die erweiterte Anlage in Bezug auf die zu bewältigende Montageaufgabe optimal ist.

Die Umstellungsplanung für ein bestehendes Layout hat die Aufgabe, die einzelnen Montagestationen und Peripherieeinrichtungen so umzustellen, daß bei geänderter Montageaufgabe ein optimaler Durchsatz der Montageobjekte erzielt wird.

Die Art und die Anzahl der Randbedingungen schränken in diesem Fall zwar die planerische Gestaltungsfreiheit sehr stark ein, jedoch ist die Genauigkeit der Ausgangsdaten für die Planung im Vergleich zur Neu- und Erweiterungsplanung sehr hoch, da alle wesentlichen Größen bereits bekannt sind. Durch ein optimiertes Layout nach einer ablaufbedingten Umplanung kann die Durchsatzleistung einer Anlage sehr stark erhöht werden, ohne daß grundsätzlich Neuinvestitionen für eine verbesserte Technologie von einzelnen Komponenten getätigt werden müssen. Deshalb besteht ein großer Bedarf an solchen Verfahren, die vor allem bei Umstellungsplanungen zufriedenstellende Ergebnisse liefern [70]. Die Simulationstechnik in Kombination mit Optimierungsverfahren kann hierbei helfen, durch Rechenexperimente zu optimalen Ergebnissen zu gelangen.

3.2 Gliederung und Darstellung der einzelnen Phasen der Planung

Die Planungstätigkeit im Bereich flexibler Montagesysteme gliedert sich objektbezogen in Aufgaben auf den drei verschiedenen hierarchischen Stufen, der Komponentenebene, der Zellenebene und der Anlagenebene eines flexiblen Montagesystems. Diese unterscheiden sich hinsichtlich ihres Detaillierungsgrads und ihrer Zielparameter *(Bild 7)*. Für die Planungsaufgaben auf jeder dieser Hierarchiestufen können dabei unterschiedliche Planungsmethoden und Werkzeuge zum Einsatz kommen, die für den jeweiligen Planungszweck optimiert sind.

Der Schwerpunkt der Planungsaufgaben auf der Komponentenebene liegt in der Optimierung der bei einem Montagevorgang ablaufenden Prozesse. Durch rechnergestützte Verfahren ist es zum Beispiel auf dieser Ebene mit Hilfe von Modellen möglich, die bei einer Montage ablaufenden Fügeprozesse zu untersuchen. Diese können dann, zum Beispiel mit Hilfe von numerischen Verfahren, optimiert werden [64,71]. Die Planung auf Zellenebene befaßt sich hauptsächlich mit der Umsetzung der auf Komponentenebene festgelegten Prozesse in einen konkreten Geräteaufbau. Im Vordergrund steht dabei die Untersuchung des geometrischen Verhaltens der darin ablaufenden Handhabungsvorgänge. Als rechnerunterstützte Methoden eignen sich besonders graphische Simulationssysteme, die es gestatten, automatisierte Montageabläufe vorab zu simulieren. Die erzeugten Abläufe können als Steuerdaten für die real ablaufenden Roboterprogramme zur Verfügung gestellt werden [6,7]. Mit zunehmendem Abstraktionsgrad steht auf der Anlagenebene die Optimierung von Montageablaufstrukturen als Planungsziel im Vordergrund. Es interessiert hauptsächlich das zeitliche und kapazitive Verhalten einer kompletten Anlage, während die exakte geometrische Abbildung der darin ablaufenden Handhabungsvorgänge in den Hintergrund tritt.

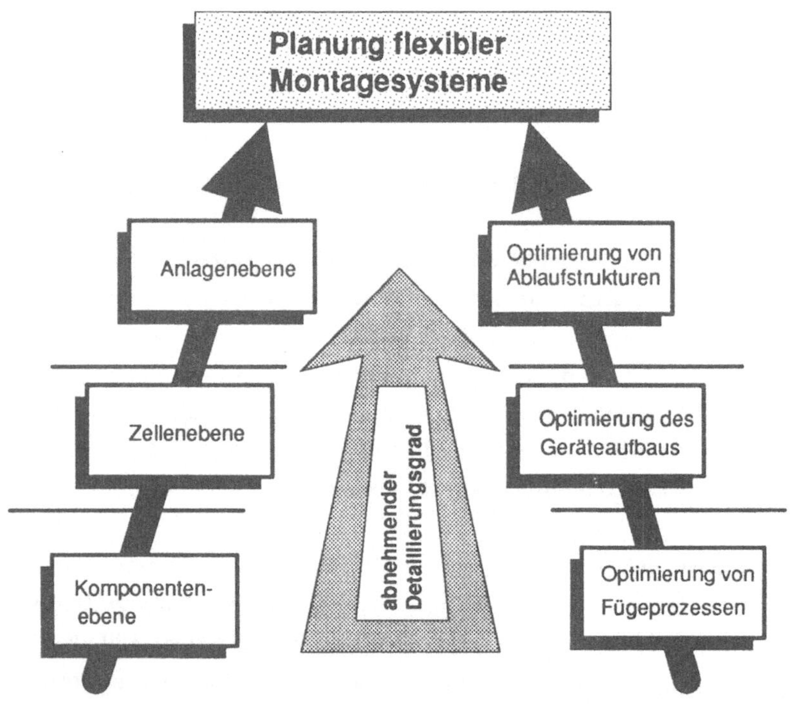

Bild 7: Klassifizierung der Planungsaufgaben und Ziele
im Bereich der flexiblen Montage

Von besonderer Bedeutung für die Wirtschaftlichkeit eines flexiblen Montagesystems ist der Materialfluß, der nach VDI-3300 als die Verkettung aller Vorgänge beim Gewinnen, Be- und Verarbeiten sowie Lagern und Verteilen von stofflichen Gütern innerhalb festgelegter Bereiche zu verstehen ist [72]. Entsprechend den räumlichen Bereichen, in denen der Materialfluß eines flexiblen Montagesystems abläuft, lassen sich zwei Bereiche der Materialflußplanung unterscheiden: der Materialfluß auf Anlagenebene, der zwischen den einzelnen Montagestationen sowie zwischen dem System und seiner Umwelt stattfindet, sowie der Materialfluß auf Zellenebene, der sich innerhalb einer Montagestation und den Peripherieeinrichtungen abspielt. Während bei der Materialflußplanung auf Anlagenebene die Optimierung der Arbeitsreihenfolgen im Vordergrund steht, herrschen bei der Materialflußplanung auf Zellenebene technologische Fragen vor.

Auch wenn es sinnvoll ist, die Planungstätigkeiten auf Grund ihrer unterschiedlichen Zielrichtungen den verschiedenen Planungsebenen zuzuordnen und weitgehend voneinander zu trennen, so können sie trotzdem nicht als voneinander isolierte Abläufe gesehen werden. Da die Eingangs- und Ausgangsgrößen der Planungsprozesse auf den verschiedenen Planungsebenen miteinander in Beziehung stehen, ergibt sich eine vernetzte Struktur des gesamten Planungsprozesses [71]. Dies führt dazu, daß letztlich nicht nur die Planung isoliert gesehen werden darf, sondern auch der Produktgestaltungsprozeß integriert werden müßte [57].

Im Gegensatz zum Objektbezug erfolgt eine systematische Gliederung der Planungstätigkeiten hinsichtlich des Zeitbezugs sinnvollerweise in Stufen. Aufgrund der zunehmenden Konkretisierung der Planungsdaten beinhalten diese mit fortschreitendem Planungsablauf gleichzeitig auch eine Unterscheidung in die Abschnitte Grob- und Feinplanung [73]. Allgemein kann eine Planung nach AGGTELEKY in die drei zeitlich aufeinanderfolgenden Phasen der Vorarbeiten, Projektstudie und Ausführungsplanung unterteilt werden [67]. Diese Untergliederung kann analog auch auf die Planung flexibler Montagesysteme übertragen werden *(Bild 8)*.

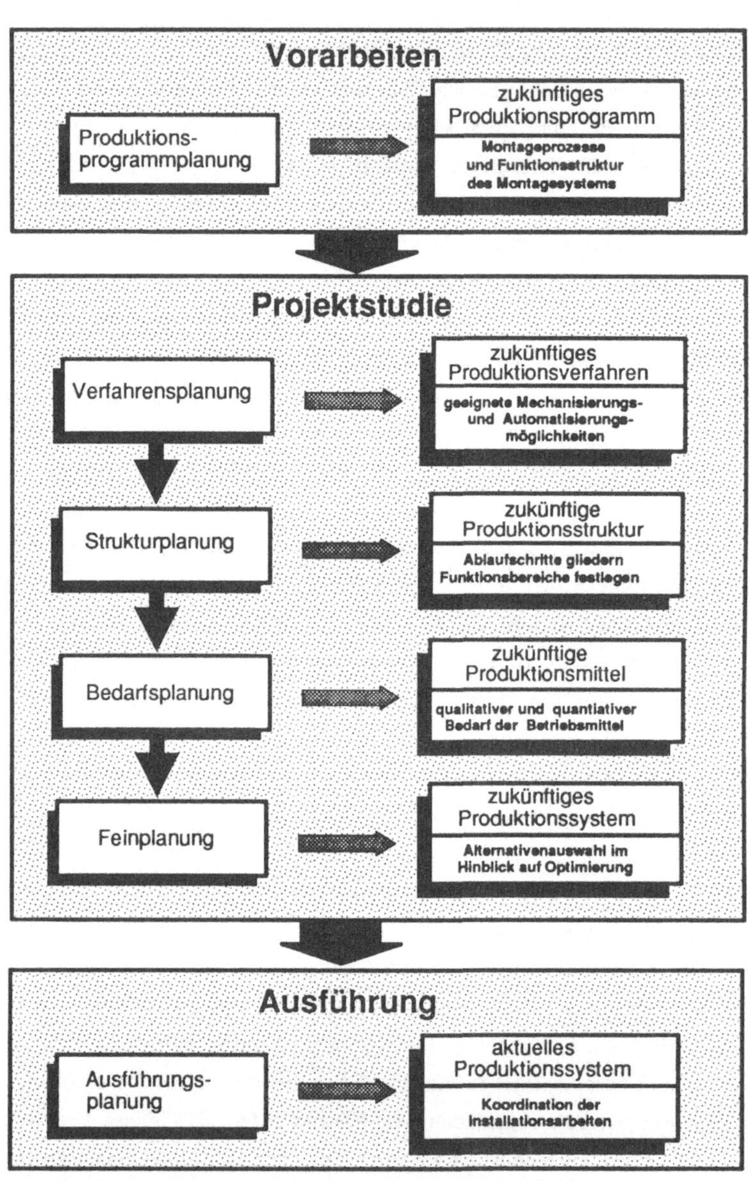

Bild 8: Teilbereiche der Planung mit den dazugehörigen Zielen in Anlehnung an [67]

Für die Auslegung eines flexiblen Montagesystems stellt das zukünftige Produktionsprogramm die entscheidende Eingangsgröße dar. Durch eine Produktionsprogrammplanung können, ausgehend von der Anzahl und der Art der geplanten Produkte, die grundsätzlichen Montageprozesse sowie die Funktionsstruktur des erforderlichen Montagesystems festgelegt werden. Der gewünschte Automatisierungsgrad und die geforderte Flexibilität der geplanten Montageanlage lassen einen ersten Überblick über die notwendigen Investitionen für Gebäude, Produktionseinrichtungen und sonstige Anlagen zu.

In der zweiten Phase kann dann anhand einer Projektstudie eine wirtschaftlich vertretbare und technisch machbare Grundkonzeption der geplanten Montageanlage entwickelt werden. Ausgangspunkt jeder Planung in diesem Bereich ist die Untersuchung aller wirtschaftlichen Mechanisierungs- und Automatisierungsmöglichkeiten, die zur Lösung der gestellten Montageaufgabe geeignet sind. Mit Hilfe einer Strukturplanung werden die einzelnen Ablaufschritte der Montageaufgabe ermittelt, und die einzelnen Funktionsbereiche des Montagesystems bestimmt und dimensioniert, sowie die notwendigen Betriebsabläufe ermittelt. Durch eine Verfahrensplanung kann an Hand der Produktstruktur und den daraus abgeleiteten Montageaufgaben die optimale Kombination der möglichen Montageverfahren ermittelt werden. Die daran anschließende Bedarfsplanung dient der Ermittlung des quantitativen und qualitativen Bedarfs an Betriebsmitteln (Montagestationen) sowie des notwendigen Flächenbedarfs dieser Elemente. Die ausgewählten Alternativen werden durch eine Feinplanung näher untersucht.

Die Ausführungsplanung als dritte und letzte Planungsphase im zeitlichen Ablauf umfaßt alle weiteren Tätigkeiten bis zur Inbetriebnahme der geplanten Montageanlage [67-69]. Der Schwerpunkt der planerischen Tätigkeit liegt hier in der richtigen zeitlichen Koordination der durchzuführenden Arbeiten.

3.3 Layoutplanung flexibler Montagesysteme

Die Layoutplanung eines flexiblen Montagesystems stellt die variantenreichste
und komplexeste Phase im Planungsprozeß auf Anlagenebene dar. Die Layoutplanung legt die Anordnung und den Flächenbedarf der einzelnen Stationen und
der dazugehörigen Peripherieeinrichtungen eines flexiblen Montagesystems fest.
Das Hauptziel der Layoutplanung ist eine Optimierung der kompletten Anlage im
Hinblick auf kurze Durchlaufzeiten der Montageaufträge und niedrige Kapitalbindungskosten der eingesetzten Betriebsmittel. Dabei ist zu beachten, daß diese
Ziele nicht isoliert betrachtet werden können, da alle Zielgrößen miteinander
verflochten sind. Um diese Ziele zu erreichen, ist es sinnvoll, den Planungsprozeß der Layoutplanung in einzelne Planungsschritte zu verfeinern und die Ge-
samtaufgabe in Einzelaufgaben zu untergliedern.

Planungshilfsmittel zur Ermittlung einer optimalen Layoutvariante könnten analytische Optimierungsverfahren darstellen. Analytische Verfahren versuchen
grundsätzlich ein absolutes Optimum zu finden, indem eine vorher beschriebene
Zielfunktion minimiert wird. Im einfachsten Fall lösen analytische Verfahren das
Optimierungsproblem durch vollständige Enumeration. Zum Beispiel könnte jede
einzelne Montagestation auf jeden möglichen Standort gesetzt werden und die
entsprechende Lösung im Sinne der Zielfunktion berechnet werden. Im Realfall
würden bereits bei einem Montagesystem mit 10 Einzelstationen die Zahl von 10!
= 3 626 800 möglichen Varianten entstehen. Schon bei der Konzeption von relativ kleinen Montagesystemen stößt der Aufwand dieser Methode an die Grenzen
von vertretbaren Rechenzeiten. Deshalb kann grundsätzlich davon ausgegangen
werden, daß solche Verfahren für die Entwicklung von optimalen Layouts flexibler Montagesysteme keine Bedeutung haben.

Im Gegensatz zu den analytischen Verfahren, die das absolute mathematische
Optimum suchen, gehen alle heuristischen Verfahren mit Hilfe pragmatisch abge-
leiteter Rechenvorschriften zielgerichtet vor, um ein relatives Optimum zu suchen. Die heuristischen Verfahren besitzen eine Abbruchbedingung, bei deren
Eintreten die Rechnung beendet wird, wenn innerhalb eines festgelegten Inter-

valls keine weitere Verbesserung der Zielfunktion möglich scheint. Die gefundene Lösung muß allerdings kein Optimum im analytischen Sinne sein, sondern es kann sich auch um ein Suboptimum handeln. Wegen ihres im Vergleich zu analytischen Verfahren geringen Rechenaufwands und ihrer guten Anpaßbarkeit an die Realitäten haben heuristische Verfahren eine große Bedeutung für die Praxis.

Die heuristischen Verfahren gliedern sich in konstruktive Verfahren, auch Aufbauverfahren genannt, in Vertauschungsverfahren und in die kombinierten Verfahren [68]. Bei konstruktiven Verfahren wird das Layout der geplanten Anlage durch sukzessives Einsetzen der einzelnen Montagestationsflächen in ein anfangs leeres Layout aufgebaut [74-76]. Dabei werden diejenigen Stationen, die die größten Materialflußbeziehungen miteinander haben, zuerst eingeplant, und die übrigen Stationen, abhängig von der Intensität ihres Materialflusses, dazugefügt. Diese Vorgehensweise entspricht weitgehend dem Planungsablauf einer Neuplanung.

Die Vertauschungsverfahren versuchen, ein bereits vorgegebenes Anfangslayout durch sukzessiven Tausch von zwei oder mehreren Einzelstationen zu verbessern. Die einzelnen Vertauschungsprozesse laufen nach Entscheidungsregeln ab, die das jeweilige Verfahren charakterisieren. Das Vertauschungsprinzip entspricht weitgehend dem praktischen Planungablauf bei Umstellungs- und Erweiterungsplanungen. Das Vertauschungsprinzip verlangt immer eine Form von Ausgangslayout, von dem aus der Optimierungsprozeß beginnen kann. Bei Neuplanungen muß deshalb zuerst, entweder mit Hilfe eines konstruktiven Verfahrens, oder manuell ein Anfangslayout erstellt werden. Hierin liegt die Grundidee von kombinierten Verfahren, die das konstruktive Verfahren und das Vertauschungsprinzip in einem Algorithmus zu kombinieren versuchen. Bezogen auf die in der Praxis vorrangigen Probleme der Umstellungs- und Erweiterungsplanungen, stellt die Vertauschung das überlegenere Lösungsprinzip dar [70].

Zur Beurteilung verschiedener Layoutalternativen bieten sich die Methoden der Nutzwertanalyse an. Die Normierung und Vergleichbarmachung der Alternativen und ihrer Zielerreichungsgrade erfolgt über Nutzwerte. Nach Aufstellung des

Zielsystems und Festlegung der Zielgewichte können dann über Wertetabellen die Alternativen bewertet werden . Dieses Verfahren kann neben quantitativen Größen auch qualitative Parameter zur Lösungsfindung heranziehen [77]. Eine weitere Methodik zur Alternativenbeurteilung ist die Anwendung eines Morphologischen Kastens nach ZWICKY [78]. Die morphologische Methode versucht, alle möglichen Lösungen bestimmt vorgegebener Probleme herzuleiten, die allerdings eine Stukturierung des Problems voraussetzt. Dabei geht man von Punkten oder Inseln sicheren Wissens aus und stößt nach allen Richtungen in noch unbekannte Gebiete vor[1].

3.4 CAD-Systeme als Werkzeuge zur Unterstützung der Layoutplanung

Die große Zahl der bei der Layoutplanung flexibler Montagesysteme zu verarbeitenden Informationen, sowie die Genauigkeitsanforderungen, die an diese Planung gestellt werden, können nur mit Rechnerunterstützung bewältigt werden. Für den Rechnereinsatz bei der Layoutplanung bieten sich CAD-Systeme als flexible Planungshilfe an. Der Begriff CAD (Computer Aided Design = rechnerunterstütztes Konstruieren) bedeutet allgemein die Verarbeitung von alphanumerischen und graphischen Informationen mit Hilfe von Rechnern, zur Erstellung von Konstruktionsunterlagen. Ein CAD-System setzt sich zusammen aus der Hardware und der dazugehörenden Betriebssoftware, der Grundsoftware für die Manipulation und Speicherung der graphischen Daten, der Software zur Eingabe dieser Daten und Moduln zur anwendungsbezogenen Ausgabeverarbeitung der gespeicherten Daten, die mit Hilfe von benutzereigenen oder systemspezifischen Programmen weiterverarbeitet werden können *(Bild 9)*.

----

1. ZWICKY nennt diese Vorgehensweise Feldüberdeckung
... was ich eine vollständige Feldüberdeckung nenne, das heißt die gründliche Erforschung aller zwischen den Festpunkten des Ausgangswissens gelegenen Gebiete, mögen sie nun materieller oder geistiger Natur sein.

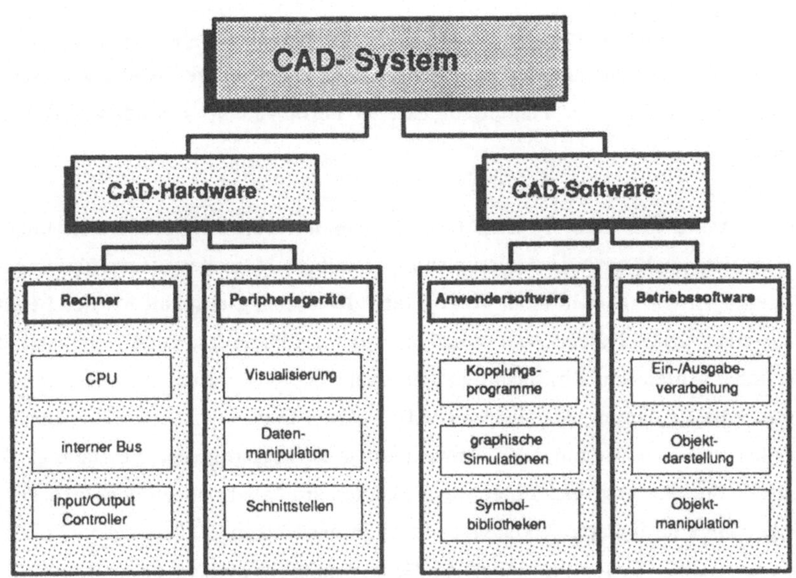

Bild 9: Aufbau eines CAD-Systems

Die Leistungsfähigkeit eines CAD-Systems aus Hardwaresicht wird hauptsächlich durch den Rechner festgelegt. Kennzeichnend sind dabei dessen Speichervermögen, Geschwindigkeit und Rechengenauigkeit, die durch die Wortbreite festgelegt wird, sowie seine Möglichkeiten zur Kommunikation mit anderen Rechnern. Die Leistungsfähigkeit eines CAD-Systems wird jedoch entscheidend durch seine Software bestimmt. Bei der Software von CAD-Systemen kann je nach der Art der rechnerinternen Darstellung zwischen 2D- und 3D-Systemen unterschieden werden. Während bei 2D-Systemen nur die graphische Repräsentation eines Objekts analog den Linien auf einem Zeichenblatt abgespeichert wird, sind in einem 3D-System weitere Informationen, wie z.B. die Volumeneigenschaften der Objekte abgespeichert. Im Gegensatz zu einem 3-D System kann die Benutzeroberfläche eines 2D-Systems in etwa der Arbeitsweise angepaßt werden, die ein Anwender von seiner herkömmlichen, manuellen Arbeitsweise am Zeichenbrett kennt. Der Vorteil von 2D-Systemen liegt außerdem in einem deutlich geringeren Beschreibungsaufwand und damit Speicheraufwand der dargestellten Objekte. Für die Layoutplanung auf Anlagenebene genügen in der Regel 2D-Systeme, da eine Darstellung der Planungsobjekte in Form von 2D-Grundrissen ausreichend ist.

Die Vorteile, die CAD-Systeme bisher schon im Konstruktionsbereich bieten, lassen sich auch auf die Layoutplanung flexibler Montagesysteme übertragen. Diese liegen vor allem in einer Aufwertung der Planungstätigkeit bei der Benützung eines CAD-Systems. Der kreative Anteil am Planungsprozeß nimmt zu, da ein hoher Anteil von Routinetätigkeiten vom CAD-System übernommen werden kann. Alle Zeichnungselemente wie z.B. Roboter müssen nur einmal konstruiert werden und stehen dann allen Anwendern maßstabsgetreu zur Verfügung. Die zentrale Speicherung aller Daten einer Planung ermöglicht neben dem Informationsgewinn eine fehlerfreie Datenübergabe an nachfolgende Planungsschritte. Die in einem CAD-System vorhandenen Geometrieinformationen können mit Hilfe von Programmen, die auf diese Daten zugreifen, nach bestimmten Kriterien extrahiert, und anderen Programmsystemen zur Verfügung gestellt werden. Dadurch ist es möglich, bei der Layoutplanung neben der reinen Zeichnungserstellung, zum Beispiel auch Berechnungsprogramme und Programme zur Simulation von Funktions- und Bewegungsabläufen zu integrieren.

Der CAD-Einsatz für Planungsaufgaben im Montagebereich wird um so effizienter, je geringer der Eingabeaufwand für den Benutzer ist, und je flexibler und umfangreicher die Möglichkeiten der Weiterverarbeitung der gespeicherten Daten ist. Wichtig für die Akzeptanz eines CAD-Systems ist, daß dem Benutzer eine eine Bedienoberfläche angeboten wird, die seiner gewohnten Arbeitsweise entgegenkommt [79]. Dies gilt erst recht für den Einsatz von Simulations- oder Berechnungsprogrammen. Die Generierung der notwendigen Daten für diese Planungshilfsmittel sollte nach Möglichkeit so erfolgen, daß der Anwender nicht die Beschreibungssprache, z.B. die des Simulationssystems, beherrschen muß. Wenn diese Methoden in geeigneter Weise in ein CAD-System integriert sind, dannkann der Planer diese Hilfsmittel einsetzen, ohne die gewohnte Umgebung und Beschreibungssprache seines CAD-Systems verlassen zu müssen.

4. Optimierung des Materialflusses in flexiblen Montagesystemen

4.1 Materialfluß und Materialflußplanung

Als Materialfluß wird gemäß der Richtlinie VDI 3300 die Verkettung aller Vorgänge beim Gewinnen, beim Be- und Verarbeiten sowie beim Verteilen von
stofflichen Gütern innerhalb festgelegter Bereiche definiert [72]. Die Materialflußtechnik umfaßt die Nebenfunktionen der Produktion Lagern, Fördern und
Handhaben *(Bild 10)*. Die Funktion des Förderns kann bei flexiblen Montagesystemen in den Transport der Montageobjekte und der Anbauteile untergliedert
werden, wobei zwischen taktgebundenen und nicht taktgebundenen Transport
der Zuführteile unterschieden werden kann.

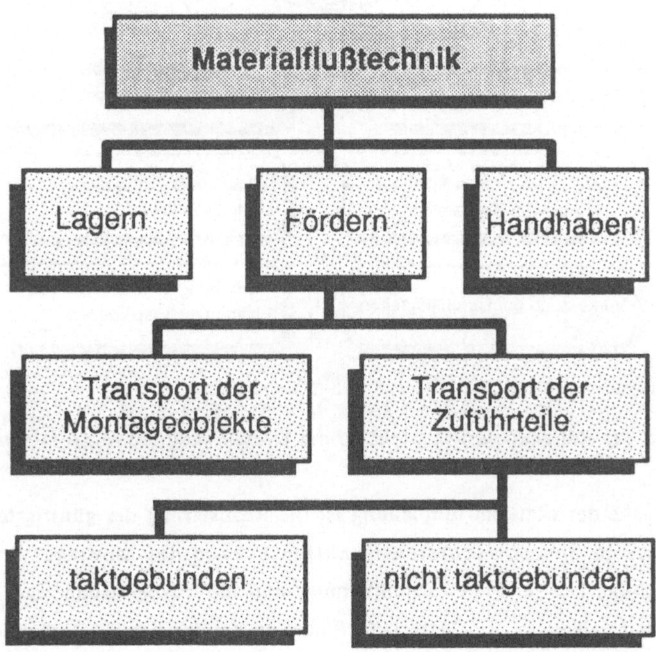

Bild 10: Gliederung des Materialflusses in einzelne Funktionsbereiche

Die für den Materialfluß anfallenden Kosten stellen einen wesentlichen Anteil der Herstellkosten eines Produkts dar und werden in der deutschen Industrie mit zirka 30% der Herstellkosten angegeben [81]. Die Aufgabe des Materialflusses besteht darin, den Aufwand für die Nebenfunktionen der Produktion zu minimieren. Durch eine Optimierung des Materialflusses können die in Bild 11 dargestellten Rationalisierungsziele erreicht werden, die zusammen zu einer Minimierung der Herstellkosten führen.

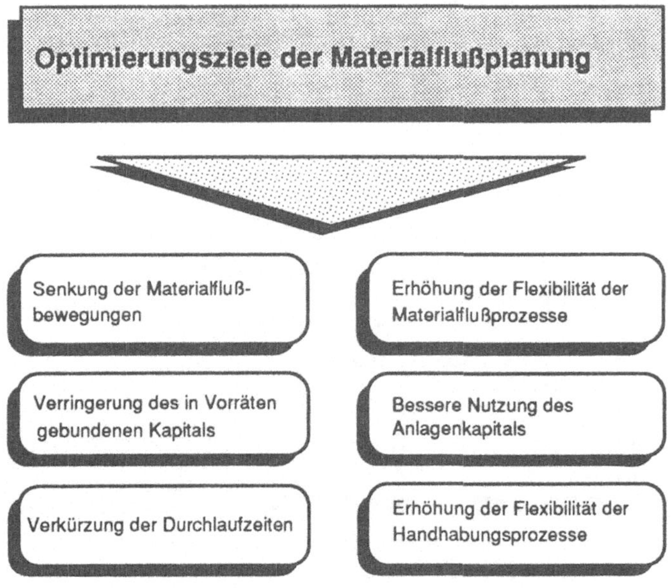

Bild 11: Rationalisierungsziele bei der Optimierung des Materialflusses

Die Aufgabe der Materialflußplanung ist die Realisierung des günstigsten Materialflusses in den betrachteten Funktionsebenen des Montagesystems. Die Schwerpunkte bei der Materialflußplanung sind die Verbesserung eines vorhandenen Materialflusses, die Materialflußplanung bei der Erweiterung einer Anlage, sowie die die Materialflußplanung für einen Neubau [82].

Die wesentlichste Komponente des Materialflußsystems eines flexiblen Montagesystems ist das Transportsystem für die Montageobjekte, welches das entscheidende Bindeglied zwischen den einzelnen Montagestationen und den dazugehörigen Materialbereitstellungseinrichtungen darstellt. Durch ein flexibel automatisiertes Materialflußsystem ist ein zielgesteuerter Materialfluß möglich, der es erlaubt, die Ver- und Entsorgung einer einzelnen Montagestation von anderen vor- und nachgeschalteten Arbeitsplätzen zu entkoppeln [83].

Als automatisierte Lösung bieten sich für diese Einsatzbereiche Transportsysteme an, die aus automatischen Flurförderfahrzeugen oder automatischen Hängebahnen bestehen [84]. Für den Transport großvolumiger Montageobjekte in flexibel automatisierten Montagesystemen eignen sich am Besten fahrerlose Transportsysteme, die entweder auf Schienen [85] oder schienenlos, induktiv geführt werden [86]. Induktiv geführte Flurförderfahrzeuge haben die größte Bedeutung, da sie gegenüber schienengebundenen Fahrzeugen kostengünstiger sind und zudem die Möglichkeiten zur einfachen Fahrkursänderung aufweisen, die das Fahrzeug an "Lesestellen" mitgeteilt bekommt [87]. Diese Systeme eignen sich sehr gut zur Realisierung von automatisierten Lösungen. Durch die Flexibilität hinsichtlich ihrer Spurführung und durch die entsprechende Anzahl von Einzelfahrzeugen können solche Systeme leicht an veränderte Transportanforderungen angepaßt werden. Darüberhinaus bieten sie den Vorteil, daß bei Ausfall einer Transporteinheit die restliche Transportkapazität noch zur Verfügung steht. Ein weiterer Vorteil liegt in der informationstechnischen Verknüpfung dieser Systeme mit einem übergeordneten Rechner, dem Daten über Ort, Menge und Bearbeitungszustand mitgeteilt werden können [88]. Dadurch ist es möglich diese Systeme vollautomatisch und rechnergeführt zu betreiben.

Das Ziel der Optimierung des Einsatzes von fahrerlosen Transportsystemen besteht hauptsächlich darin, die Zahl der notwendigen Transportfahrzeuge für das Material und das erzeugte Produkt möglichst gering zu halten. Da bei solchen Systemen die Transportvogänge zwischen den jeweiligen Montagestationen taktungebunden erfolgen, kann durch eine Optimierung ihres Einsatzes die Zahl der Transportmittel minimiert werden.

4.2 Methoden und Verfahren zur Optimierung des Werkstückflusses bei einer Neuplanung

4.2.1 Die Transportkosten als Optimierungsziel

Der Umfang des in einem flexiblen Montagesystem anfallenden Transportaufkommens wird durch die Gestaltung des Layouts am stärksten beeinflußt. Durch die Optimierung der räumlichen Anordnung der einzelnen Montagestationen kann das Transportaufkommen minimiert werden, so daß auf diese Weise die Materialflußkosten gesenkt werden können. Bei der Neuplanung eines flexiblen Montagesystems lassen sich bereits in der Planungsphase die Anordnung der Montagestationen und der Wege des Transportsystems mit rechnerunterstützten Methoden optimieren, um dadurch eine Reduzierung der Herstellkosten während der Betriebsphase zu erreichen. Eine Optimierung die erst zu einem späteren Zeitpunkt, während einer Umstellungs- oder Erweiterungsplanung, durchgeführt werden soll, ist in den meisten Fällen wegen der dann notwendigen Umstellungs- und Produktionsausfallkosten nicht wirtschaftlich.

Die Transportkosten und damit auch die Transportzeiten können an Stelle der Materialflußkosten als Optimierungskriterium zur Bewertung von unterschiedlichen Anordnungen der einzelnen Montagestationen herangezogen werden, obwohl die Transportkosten nur einen Teil der durch eine Layoutgestaltung beeinflußten Materialflußkosten darstellen [89][1]. Der Vorteil, den eine Reduktion der Betrachtung auf die Transportkosten bietet, liegt darin, daß die Transportkosten in der Praxis vergleichsweise leicht zu erfassen und zu bewerten sind und durch mathematische Formeln relativ einfach definiert werden können. Deshalb kann die Minimierung der Transportkosten als primärer Maßstab für die Optimierung des Materialflusses bei der Neuplanung von Montagesystemen unter dem Gesichtspunkt der Herstellkostensenkung eingesetzt werden.

1.
....."*Neben den Transportkosten können auch Kapitalbindungskosten und Steuerungskosten von der Betriebsmittelanordnung beeinflußt werden*"

Von MAYER werden allgemein die Transportkosten K_T als Funktion der zu transportierenden Menge m, der zu überwindenden Strecke s und anderer Faktoren definiert [89]:

$$K_T = f\,(m,s,\text{andere Faktoren}) \qquad \text{(Gl. 1)}$$

Unter den 'anderen Faktoren' werden in erster Linie nicht eindeutig quantifizierbare Größen verstanden, wie die Organisationsform des Transports, die Transporttechnik und die für die Transportkosten relevanten Eigenschaften des Transportguts, wie die Geometrie und die Losgröße [86,89]. Alle in der Praxis angewandten Verfahren der Optimierung der Anodnung von Betriebsmitteln setzen diese Faktoren als unverändert voraus, und bauen auf der vereinfachten Transportkostenfunktion auf:

$$K_T = f\,(m,s) \qquad \text{(Gl. 2)}$$

Die Transportmenge m in der Gleichung (2) wird durch das Montageprogramm festgelegt, und stellt die zwischen den jeweiligen Montagestationen pro Zeiteinheit zu transportierenden Mengeneinheiten dar. Für die Optimierung der Anordnung der Montagestationen stellt diese Größe eine exogen vorgegebene Größe dar, so daß die Transportentfernung als einzige Variable im Sinne der Layoutoptimierung bei einer Neuplanung bleibt. Ein Maß für die anfallende Tranportmenge aller in einem System anfallenden Tranportaufgaben innerhalb eines bestimmten Zeitintervalls ist die Gesamttransportleistungsziffer GTLZ. Sie kann z.B. in Paletten/Zeitintervall gemessen werden:

$$GTLZ = \sum_{i=1}^{n} \sum_{j=1}^{n} s_{ij} \cdot m_{ij} \qquad \text{(Gl. 3)}$$

Aus der Gleichung (III) kann die Zielfunktion für die materialflußtechnische Optimierung eines Anlagenlayouts als Minimierung der GTLZ angesehen werden:

$$GTLZ = \sum_{i=1}^{n} \sum_{j=1}^{n} s_{ij} \cdot m_{ij} \longrightarrow \text{Minimum} \qquad \text{(Gl. 4)}$$

Die Layouts von Anlagen, die materialflußtechnisch in Bezug auf die anfallenden Transportkosten minimiert wurden, erfordern in bestimmten Fällen eine
Anpassung an die anderen Faktoren der Gleichung (1) in einem nachfolgenden
Schritt. Die Gesamtkosten des Materialflusses können sich vor allem dann ändern, wenn eine andere Transporttechnik eingesetzt wird, wie z.B. bei der Verwendung eines anderen Transportsystems. Unter Umständen kann sogar eine
Neukonzeption der bisher entworfenen Anlage erforderlich werden. Die Optimierung eines Anlagenlayouts im Hinblick auf einem minimalen Materialfluß
kann in diesem Fall zu einem iterativen Prozeß werden.

4.2.2 Ermittlung und Optimierung des Transportaufkommens

Am Beginn einer jeden Anlagenplanung steht eine Materialflußuntersuchung zur
Ermittlung des Transportaufkommens zwischen den einzelnen Stationen des
Montagesystems. Aus dem Fertigungsprogramm und den Arbeitsplänen können
die pro Zeitraum durchzuführenden Montageoperationen nach Anzahl, Art und
Häufigkeit bestimmt werden. Das Ergebnis dieser Auswertung ergibt die Anzahl
der Objekte, die zwischen den einzelnen Montagestationen zu transportieren
sind. Das zu erwartende Transportaufkommen ist abhängig vom Spektrum der zu
montierenden Objekte und deren Durchlauf durch das System. Beeinflußt wird
das Transportaufkommen auch vom Grundkonzept des Montageablaufs, so daß
bei der Neuplanung eines Montagesystems die Analyse des zu montierenden
Werkstückspektrums unter Berücksichtigung verschiedener Grundkonzepte der
Montagegestaltung durchzuführen ist, um eine optimale Lösungs zu finden.

Die Materialströme zwischen den einzelnen Stationen, die durch Materialflußuntersuchungen ermittelt wurden, lassen sich in Form einer Belastungsmatrix darstellen. Die Koeffizenten b_{ij} der Belastungsmatrix BL[1:N,1:N] enthalten die Anzahl der pro Zeiteinheit von Station i nach Station j zu transportierenden Ladeeinheiten [91]. Die optimierte Belastungsmatrix stellt einen im Hinblick auf die
durchzuführenden Transportaufgaben optimierten Materialfluß dar, der als Ausgangsbasis für die Layoutplanung dienen kann. Die Optimierung dieser Matrix

erfolgt sinnvollerweise durch geeignete Algorithmen mittels eines Rechners. Das materialflußgerechte Ergebnis der Optimierung dieser Belastungsmatix ist entweder eine Dreiecksmatrix, oder eine Diagonal-Insel-Matrix *(Bild 12)* [88].

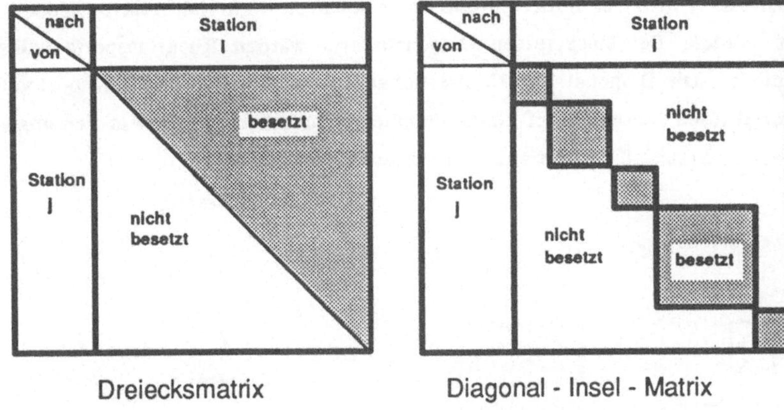

Bild 12: Belastungsmatix als reine Dreiecks- oder Diagonal-Insel-Matrix

Solange die Anzahl der Stationen eines flexiblen Montagesystems nicht allzu groß ist, wäre die Methode der vollständigen Enumeration als Optimierungsverfahren anwendbar. Da bei der vollständigen Enumeration $n!^{n!}$ Möglichkeiten der Zeilen und Spaltenvertauschungen der Belastungsmatrix möglich sind, scheidet dieses Verfahren bei einer größeren Anzahl von Montagestationen aus. In diesem Fall kommen nur noch heuristische Verfahren in Frage. Bei diesen Verfahren werden bestimmte Vorgehensregeln angegeben, die zum Finden einer Lösung des Problems als zweckmäßig und erfolgversprechend erscheinen. Diese Verfahren führen zwar nicht zu einer absoluten optimalen Lösung, jedoch ist der Rechenaufwand gering. Wenn das Ziel der Optimierung die Erreichung einer Diagonal-Insel-Matrix ist, was wohl immer dann der Fall sein wird, wenn eine Dreiecksmatrix mit unbefriedigendem Erfolg erreicht wird, dann muß zusätzlich die Bandbreite der Matrix beachtet werden. In diesem Fall läßt sich ein einfacher Algorithmus nicht so ohne weiteres angeben, denn jede einfache Vorgehensweise wird nur unbefriedigende Ergebnisse liefern.

Die Dreiecks- oder Diagonal-Insel-Matrix als Ergebnis der Optimierung der Belastungsmatrix kennzeichnet einen optimierten Werkstückfluß zwischen den einzelnen Montagestationen, der als Basis für eine Layoutplanung dienen kann. Die Idealtypen der reinen Dreiecksmatrix oder der Diagonal-Inselmatrix könnten beispielsweise gemäß der Bilder 13 und 14 in konkrete Materialflußlayouts umgesetzt werden. Bei einer reinen Diagonalmatrix werden Rücktransporte völlig vermieden. Die Diagonal-Insel-Matrix hingegen begrenzt den Rücktransport von Materialflüsen zumindest auf kleine räumliche Einheiten, in denen in sich abgeschlossene Materialfluß-Beziehungen aufgebaut werden können.

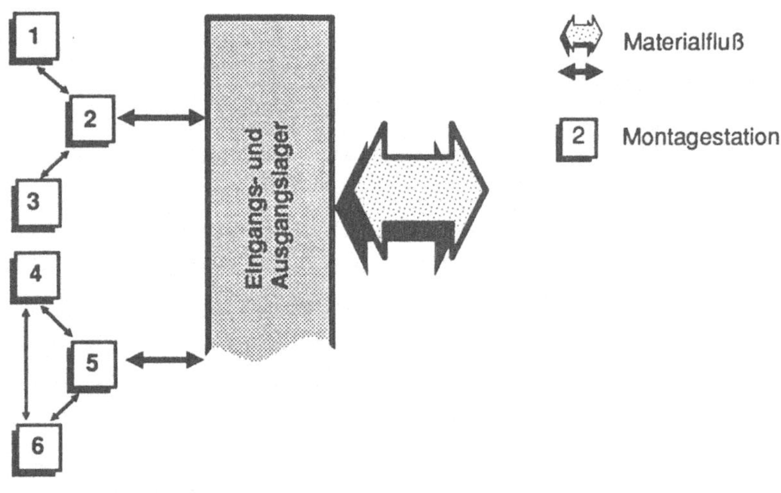

Bild 13: Beispiel für ein Materialflußlayout bei einer Diagonal-Insel-Matrix

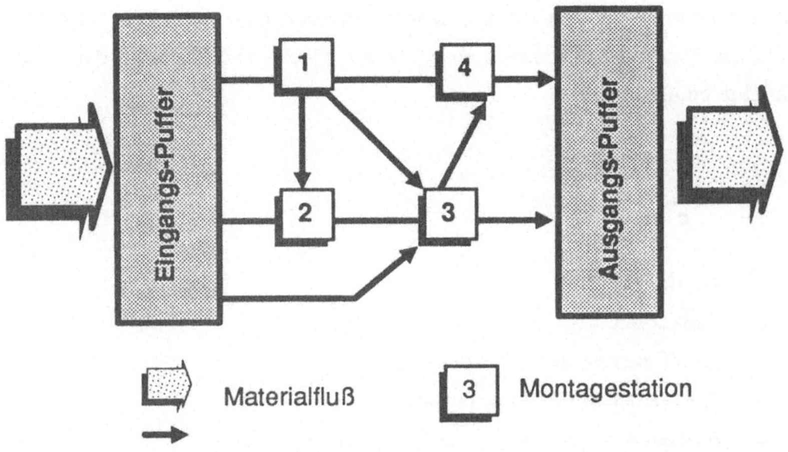

Bild 14: Beispiel für ein Materialflußlayout bei einer reinen Dreiecksmatrix

4.3 Optimierung des Transportsystems bei vorhandenen Anlagen

Wenn nach einer Layout-Planung, beziehungsweise an einer bereits ausgeführten Anlage, die Anordnung der einzelnen Montagestationen und das Transportsystem festliegen, kann der auftretende Materialfluß zwischen den einzelnen Stationen und den dazugehörigen Lägern minimiert werden, indem die für die Auftragsdurchführung notwendigen Transportanforderungen aufeinander abgestimmt werden. Wenn die Transporte unstetig, zum Beispiel mit fahrerlosen Transportsystemen erfolgen, besteht das Ziel der Optimierung bei solchen Systemen darin, die Anzahl der Leerfahrten und die Länge der zurückzulegenden Fahrwege zu minimieren. Die gefundenen Algorithmen können anschließend als Steuerungsstrategien für den Betrieb von Fahrerlosen Transportsystemen eingesetzt werden. Zur Überprüfung dieser Strategien ist es sinnvoll, diese in ein Simulationsmodell der Anlage zu implementieren, und mit Hilfe von Methoden des Operations Research, die ebenfalls in das Simulationsmodell integriert sind, zu optimieren.

Da bei vorhandenen Anlagen das Fassungsvermögen c des eingesetzten Transportmittels bekannt ist, läßt sich aus der durch Materialflußuntersuchungen ermittelten Belastungsmatrix die sogenannte Transportmatrix erstellen, deren Elemente das Transportaufkommen zwischen den Quell- und Zielorten der Montageobjekte beinhalten [91]:

$$t_{SZ} = \frac{1}{c} \cdot b_{SZ}$$

(Gl. 5)

S Startknoten

Z Zielknoten

b_{SZ} Koeffizienten der Belastungsmatrix

t_{SZ} Koeffizienten der Transportmatrix

c Kapazität

Diese Transportmatrix gilt für zielreine Fahrten der Transportmittel auf dem Weg zum Zielknoten. Dabei ist unter zielreinen Fahrten zu verstehen, daß die Transportmittel nur mit Ladeeinheiten für ein bestimmtes Ziel beladen sind. Mit Hilfe der Transportmatrix kann, in Verbindung mit der Fahrstrategie der Transportfahrzeuge, der auftretende Fluß auf den einzelnen Transportstrecken angegeben werden, und so die Belastung des Transportnetzes dargestellt werden. Für die Untersuchung von Grenzleistungen sind die Flußdaten aus der Transportmatrix mit den technischen Leistungsdaten der ausgeführten, bzw. der geplanten Transportsysteme, sowie mit der Geschwindigkeit und Beschleunigung der Fahrzeuge zu ergänzen [92].

Bei bestehenden Transportsystemen muß durch organisatorische Maßnahmen dafür gesorgt werden, daß diese den auftretenden Belastungen gerecht werden. Möglich ist nur eine Anpassung des Transportsystems an das Transportaufkommen oder eine Veränderung der gewählten Transportwegstrategie. Einen Anhaltspunkt dafür, ob eine veränderte Fahrstrategie erfolgversprechend sein kann, ergibt die Betrachtung der maximalen Transportkapazität des Systems. Durch einen Algorithmus zur Bestimmung des maximalen Flusses in Graphen können diejenigen Transportwege bestimmt werden, die nicht voll ausgelastet sind, um daraufhin die Fahrstrategie entsprechend anzupassen. Die Berechnung des maximalen Flusses kann zum Beispiel mit Hilfe einer iterativen Methode, wie sie in [93] näher beschrieben wird, oder nach dem Verfahren der linearen Optimierung mit Hilfe des Simplex-Tableaus erfolgen.

Grundsätzliches Problem bei der Auslegung und Planung der Transportsysteme von flexiblen Montagesystemen ist, daß in der Regel keine genauen Istdaten zur Verfügung stehen. Deshalb sind die Daten, die zur Aufstellung der Belastungsmatrix herangezogen werden, mit Fehlern behaftet. Bei der Anwendung von Verfahren der ganzzahligen linearen Optimierung kann sich zudem ein Lösungsweg schon bei geringfügigen Änderungen der Ausgangsdaten vollständig verändern. Der Wegeplan für ein fahrerloses Transportsystem, der durch Minimierung der Belastungsmatrix bestimmt wurde, ist deshalb immer mit einem Fehler behaftet, selbst wenn der Lösungsweg mit einem exakten Verfahren gefunden wurde. Aus diesen Gründen ist es wichtig, zum Beispiel mit Hilfe von Sensitivitätsanalysen, die Auswirkungen von Änderungen der Ausgangsdaten, die sich durch die Ungenauigkeit von Messungen und Schätzungen ergeben, genau zu untersuchen, und ihren Einfluß auf die verwendeten Algorithmen festzustellen.

4.3 Auslegung und Optimierung der Werkstückpuffer

4.3.1 Der Zweck von Puffern

Der wirtschaftliche Betrieb eines flexiblen Montagesystems ist nur möglich, falls die als optimal ermittelten Betriebsparameter über eine längere Zeitspanne bei störungsfreiem Betrieb eingehalten werden können [94]. Die dynamischen Einflußgrößen, wie die Vernetzung der Montagevorgänge, die Belegungszustände der einzelnen Stationen, oder die während des Betriebs anfallenden Transportaufträge, sind aufgrund des bei flexiblen Anlagen sich ändernden Auftragsspektrums nicht konstant, sondern kurzfristig Schwankungen unterworfen. Die verfügbaren Montagekapazitäten und das eingesetzte Transportsystem können aber aus wirtschaftlichen Gründen nicht der höchsten kurzfristig anfallenden Last angepaßt werden, sondern es genügt, wenn der Gesamtdurchsatz der Aufräge durch eine solche Anlage, während eines lägeren Zeitraums gewährleistet ist.

Bei einer starren Verkettung der einzelnen Stationen eines flexiblen Montagesystems werden die Durchlaufzeiten der Aufträge von der Variante bestimmt, die die längste Bearbeitungszeit benötigt. Vor- oder nachgeschaltete Stationen müssen mit dem nächsten Auftrag solange warten, bis die nachfolgende Station frei ist, oder der Arbeitsschritt an der vorangegangenen Station beendet ist. Aus diesem Grund würden sich bei einem System ohne Zwischenpuffer unwirtschaftliche Durchlaufzeiten der eingelasteten Aufträge ergeben. Die Einführung von Zwischenpuffern an den einzelnen Montagestationen führt zu einem Abbau der Wartezeiten an den einzelnen Stationen und damit zu einem höheren Ausnutzungsgrad der kompletten Anlage. Durch das Anbringen von Puffern, bzw. Zwischenspeicherplätzen an den einzelnen Arbeitstationen lassen sich außerdem technisch bedingte Abweichungen des zeitlichen Verhaltens der einzelnen Stationen und des Transportsystems ausgleichen.

Um bei Störfällen die Kosten, und damit den Gewinnausfall möglichst gering zu halten, kommt der Einführung von Puffern, als Ausgleich für die vom Idealzustand abweichenden Betriebszustände, eine besondere Bedeutung zu. Der Ausfall einer einzelnen Montagestation führt, bei einer Verkettung ohne Ausweichmöglichkeit durch zwischengeschaltete Störungspuffer, zum Stillstand der vorangegangenen und der nachfolgenden Stationen. Nach einer gewissen Zeit kommt es dann zum Ausfall der ganzen Anlage. Die nachfolgenden Stationen müssen warten, sobald alle zwischen ihnen und der ausgefallenen Station befindlichen Montageobjekte bearbeitet sind. Die vorangehenden Stationen werden blockiert, sobald sich zwischen ihnen und der ausgefallenen Station soviele Montageobjekte angesammelt haben, daß der verfügbare Platz im Zwischenpuffer restlos ausgefüllt ist. Durch die Anlage von Störungspuffern können die Folgestillstände vorangehender sowie nachfolgender Stationen ganz oder wenigstens teilweise aufgefangen werden und der Ausnutzungsgrad der Anlage verbessert werden [95,106].

Die Einrichtung und die Festlegung der Größe dieser Pufferlager ist vor allem eine Frage der Wirtschaftlichkeit. Bei der Überlegung der Wirtschaftlichkeit von Puffern ist zu berücksichtigen, daß während des Durchlaufs durch eine Anlage ein Montageobjekt nicht nur während der reinen Montagetätigkeit einen Wertzuwachs erfährt, sondern dieser auch während der Liegezeit der Aufträge erfolgt. Deshalb sind bei der Dimensionierung von Puffern neben den kalkulatorischen Zinsen für den durchschnittlich in diesen Puffern gelagerten zusätzlichen Bestand auch die Verweildauer der Aufträge im Puffer zu berücksichtigen [107]. Der Einfluß der Durchlaufzeit auf die Höhe des gebundenen Umlaufkapitals ist vor allem bei teureren Aufträgen, wie sie Montageobjekte darstellen, sehr groß. Bei einer Wirtschaftlichkeitsrechnung müssen deshalb die Kosten für die Einrichtung von Pufferlagern und die Kostenersparnis, die sich durch eine Reduzierung der Durchlaufzeit ergibt, mit den Kosten verglichen werden, die sich aus einer Verlängerung der Durchlaufzeit beim Betrieb der Anlage mit zu kleinen Puffern ergeben.

4.3.2 Warteschlangensysteme als beschreibende Modelle

Als ein Instrument zur Dimensionierung von Puffern bietet sich die Warteschlangentheorie an, mit deren Hilfe die Vorgänge an einer Station und dem dazugehörigen Puffer untersucht werden können. Als Grundkonzept bei der Warteschlangentheorie geht man von der Modellvorstellung aus, daß innerhalb eines Material- oder Informationsflußsystems an einer Stelle ein Engpaß besteht, der nicht in der Lage ist, alle an ihn gestellten Bedienungsanforderungen sofort zu befriedigen. Vor diesem Engpaß ist ein Puffer oder Warteraum angeordnet, in dem sich die sogenannte Warteschlange bilden kann. Voraussetzung für das Entstehen einer Warteschlange ist, daß die Zahl der Auftragseingänge an dieser Station zu gewissen Zeiten größer ist als die Zahl der möglichen Abfertigungen. Die Aufträge werden in diesem Fall in den Puffer gestellt und können dann zu einem späteren Zeitpunkt abgearbeitet werden. Die Aufträge in dieser Warteschlange werden dann in der Reihenfolge abgearbeitet, wie sie als Bedienanforderungen im Warteraum eintreffen *(Bild 15)*.

51

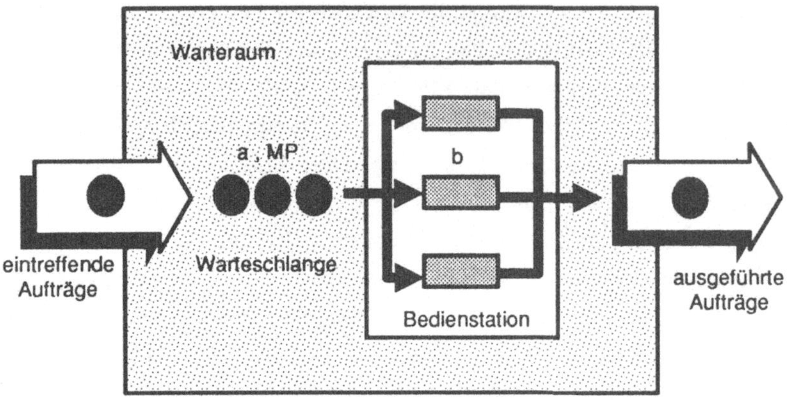

b   Bedienungsrate
a   Ankunftsrate
MP Maximale Anzahl der Aufträge im Puffer

Bild 15: Montagestation mit Puffer als Warteschlangensystem

Die Transporteinrichtungen in einem flexiblen Montagesystem können als die Bedieneinheiten eines Warteschlangensystems verstanden werden, da sie die Ver- und Entsorgung der als Bedienstation definierten Montagestation vornehmen. Die Transportaufträge für das eingesetzte Transportsystem werden dann durch die Anforderung der Arbeitsstationen zur Ver- oder Entsorgung festgelegt. Der Aufbau von Bedienstationen erfolgt bei flexiblen Montagesystemen in der Regel als Einfach- oder Mehrfachbedienstationen. Eine Mehrfachbedienstation besteht aus mehreren Bedienstationen, die eine gemeinsame Warteschlange besitzen. Die Zuordnung von Aufträgen auf eine bestimmte Bedienstation kann nach einem im Modell enthaltenen Plan, oder nach von außen vorgegebenen Strategien, erfolgen. Die verschiedenen zu einer einzelnen Montagestation gehörenden Puffer, wie Störungs- und Ausgleichspuffer, stellen den Warteraum des Warteschlangenmodells einer Montagestation dar. Ist für eine einzelne Montagestation ein derartiges Modell formuliert und analytisch definiert, kann es als Programmbaustein z.B. in ein Simulationsprogramm eingebaut werden [96].

Die theoretischen Ansätze der Warteschlangentheorie zur Berechnung der durchschnittlichen Warteschlangenlänge vor einer Bedienstation basieren auf einem
Zustand des statischen Gleichgewichts. Die charakteristischen Größen von Warteschlangen sind die Verteilung der Ankünfte pro Zeiteinheit, die Verteilung der
Abfertigungszeiten, die Wartezeit, die Warteschlangenlänge und die Leerzeit der
Bedieneinrichtungen. Für eine Reihe von Verteilungen der Ankunft von Aufträgen an einer Bedienstation existieren Berechnungsformeln zur Bestimmung der
mittleren Wartezeit und Warteschlangenlänge, welche ein Planer ohne größere
mathematische Kenntnisse benutzen kann [98].

Die geeignetsten Verfahren zur Pufferdimensionierung mit Hilfe von Warteschlangensystemen haben als Zielfunktion die Minimierung der Stückkosten [99 -
101]. Eine geschlossene analytische Lösung zur Bestimmung der Pufferkapazitäten eines flexiblen Montagesystems ist allenfalls nur für sehr kleine verkettete
Anlagen möglich. Es können deshalb nicht für alle möglichen Kombinationen
der einzelnen Elemente eines Warteschlangensystems analytische Berechnungs-
methoden zur Bestimmung der mittleren Schlangenlängen und mittleren Wartezeit angegeben werden. Deshalb werden zunehmend Methoden der rechnergestützten Simulation zur Pufferdimensionierung angewandt [95].

Prioritätsregeln innerhalb der Warteschlange stellen ein Problem bei der Anwendung der Warteschlangentheorie zur Pufferdimensionierung dar. Wenn die Aufträge innerhalb einer Warteschlange, entsprechend ihrer Dringlichkeit, in Klassen
eingeteilt werden müssen und unterschiedlich gewichtet werden müssen, dann
versagen in diesem Fall die analytischen Methoden der Warteschlangentheorie.
Eine weitere Einschränkung bei den warteschlangentheoretischen Berechnungs-
ansätzen ist die Tatsache, daß von bekannten oder unterstellten Wahrscheinlich-
keitsverteilungen ausgegangen wird. Dies ist unproblematisch, solange die Anzahl
der abzuarbeitenden Aufräge groß, und die Streuung der betrachteten Merkmale
klein ist. Streuen aber beispielsweise die Losgrößen stochastisch in einem sehr
großen Umfang, so wird man die Annahmen über die statistische Verteilung
überprüfen müssen.

53

Zusammenfassend kann gesagt werden, daß mit der Warteschlangentheorie allein die Pufferauslegung von flexiblen Montagesystemen nicht beschreiben werden kann. Aber als ein Verfahren zur Lösung von Teilproblemen, etwa innerhalb eines Simulationsverfahrens, ist sie sehr gut geeignet. Ferner besteht die Möglichkeit bei komplizierten Warteschlangenmodellen mit alternativen Entscheidungsmöglichkeiten das Verfahren der MARKOV-KETTE anzuwenden [97]. Bei der Anwendung dieses Verfahrens werden die Wahrscheinlichkeiten für den Übergang von einem Systemzustand in einen anderen durch eine Übergangsmatrix beschrieben.

4.4.3 Bestimmung der Größe von Störungspuffern

Die Verfügbarkeit eines flexiblen Montagesystems wird vor allem durch die Anzahl und die Dauer von auftretenden Störungen beeinflußt. Da das Störungsverhalten meistens nicht vorhersehbar, sondern stochastisch ist, lassen sich, trotz genauer Terminierung der zu montierenden Aufträge, Wartezeiten im Ablauf nicht verhindern. Durch eine Zwischenspeicherung der Montageobjekte in vor- und nachgeschaltete Störungspuffer, können die auf den jeweiligen Stationen durchzuführenden Arbeitsschritte voneinander entkoppelt und störungsbedingte Wartezeiten an einer einzelnen Station überbrückt werden. Die Auslegung dieser Störungspuffer erfolgt unter dem Gesichtspunkt, die Auswirkung von Störungen möglichst gering zu halten, und die Anlagenverfügbarkeit zu steigern. Die Installation von Störungspuffern stellt jedoch nur eine passive Maßnahme zur Minimierung von störungsbedingten Stillstandszeiten dar, da weder in den Störungsprozeß eingegriffen wird, noch eine aktive Reaktion auf störungsbedingte Stillstandsverluste erfolgt.

Für die Pufferdimensionierung sind nicht die Störungsursachen, sondern nur die Beträge der Betriebs- und Ausfalldauern der entsprechenden Anlagenkomponenten von Interesse [95]. Bei der Planung der Anordnung und Dimensionierung solcher Störungspuffer ist zu beachten, daß die dazu erforderlichen Daten in der Regel nur auf Annahmen basieren, da das tatsächliche Störverhalten der geplanten Anlage zu diesem Zeitpunkt noch nicht ermittelt werden kann [102]. Die Schwierigkeiten, aussagefähige Werte über das Störverhalten von komplexen technischen Systemen, wie flexiblen Montagesystemen zu erhalten, sind vor allem darauf zurückzuführen, daß auftretende Fehler auf einer Vielzahl von Fehlermöglichkeiten beruhen, die sich aus dem Zusammenwirken von zahlreichen Komponenten ergeben [103]. Diese Gründe haben zur Folge, daß bei der Planung flexibler Montagesysteme, die Bestimmung der Größe von Störungspuffern nur sehr grob erfolgen kann, und unter Umständen sogar falsche Puffergroßen ermittelt werden.

Da ein beachtlicher Verfügbarkeitsgewinn schon durch Störungspuffer mit einer kleinen Kapazität erreicht werden kann, ist es ausreichend diese Puffer so auszulegen, daß lediglich die durch stochastische kurzdauernde Stillstände auftretenden Abweichungen durch einen Puffer ausgeglichen werden müssen. Zu große Puffer erhöhen zwar die Gesamtverfügbarkeit, sind aber unwirtschaftlich, da in ihnen zu viel Umlaufkapital gebunden wird. Außerdem ist zu bedenken, daß große Pufferkapazitäten selbst wiederum störanfällig sind, und so die Gesamtverfügbarkeit beeinflussen können. Kleine Puffer sind zudem mit einem minimalen technischen Aufwand zu realisieren.

Es existieren eine Reihe von analytischen Modellen zur Bestimmung der optialen Pufferkapazität als Ausgleich von Störungen [95,104]. Gemeinsam ist diesen Verfahren, daß die meisten auf derselben Grundidee basieren. Die Pufferstandorte und Pufferkapazitäten werden vorgegeben und die Auswirkungen dieser Vorgaben hinsichtlich Ausbringung und zeitlichem Nutzungsgrad ermittelt. Durch den Einsatz von Suchverfahren können die Pufferstandorte und Kapazitäten im Hinblick auf eine vorgegebene Zielfunktion optimiert werden [102]. Gängige Optimierungsprogramme gelten jedoch nur unter restriktiven Randbedingungen. Die Störungspuffer werden nur zwischen den Arbeitsstationen, aber nicht auch innerhalb der Zuführstrecken des Materials angenommen. Die Beschreibung von Störungsverläufen, Störungshäufigkeiten und Stördauern erfolgt unter der Annahme, daß diese mathematischen Verteilungen entsprechen. Diese Suchverfahren können außerdem nur Anlagen mit einer geringen Stationenanzahl betrachten, da die Verfahren mit steigender Stationenanzahl sehr schnell zu Gleichungssystemen mit einer sehr großen Zahl von Unbekannten führen, die sehr aufwendig zu lösen sind. Die gewonnenen Ergebnisse können auch wegen der unsicheren Eingabeparameter relativ ungenau sein und in keinem Verhältnis zum nötigen Rechenaufwand stehen.

Mit Hilfe rechnergestützter Simulationsmodelle können auch komplex vernetzte Anlagen untersucht werden und deren Puffer dimensioniert werden. Das Ziel der Simulationsuntersuchungen ist es, die Anlagenverfügbarkeit in Abhängigkeit der eingeplanten Pufferkapazitäten zu bestimmen. Die Belegung von Störungspuffern kann untersucht werden, indem stochstisch verteilte Störungen beliebiger Dauer an einzelnen Stationen des Simulationsmodells aufgebracht werden und die Anzahl der Werkstücke im Puffer ermittelt wird. Nach [104] konnte nachgewiesen werden, daß Stördauern im allgemeinen exponentiell verteilt sind. Zur Dimensionierung werden die Puffer in einem ersten Schritt unendlich groß angenommen. Durch eine iterative Vorgehensweise können die einzelnen Puffer dann schrittweise verkleinert werden und die Auswirkungen auf die Gesamtverfügbarkeit untersucht werden. Zur Darstellung des Ausfallverhaltens können die Verteilungen der Stördauer und der Störhäufigkeit in Form von Funktionen oder als Histogramme in Form von Wertetabellen eingegeben werden, sowie die Störorte beispielsweise durch einen Zufallszahlengenerator bestimmt werden.

4.4.4 Bestimmung der Größe von Ausgleichspuffern

Die Montage von Varianten auf flexiblen Montagesystemen bedingt unterschiedliche Montagezeiten an den jeweiligen Montagestationen, die bei einem starr verketteten System zu sehr langen Durchlaufzeiten führen können. Durch die Anlage von Ausgleichspuffern sollen einzelne Montageschritte sowohl losgrößenmäßig als auch terminlich weitgehend entkoppelt werden, und so der Ausstoß einer Montageanlage vergrößert werden. Einen wesentlichen Einfluß auf die Größe dieser Ausgleichslager hat dabei die Reihenfolge der Aufträge. Die Optimierung der Ausgleichspuffer ist ein komplexes Problem. Selbst unter der ver-

56

einfachten Annahme, daß die Montagezeiten an den einzelnen Stationen normal verteilt sind, sind brauchbare analytische Lösungen bisher nicht gefunden worden. Die bekannten Näherungsverfahren gehen von Ausgleichspuffern gleicher Kapazität aus. Dies erscheint jedoch praxisfern, da zwischen den einzelnen Stationen eines flexiblen Montagesystems schon Störpuffer ungleicher Größe eingerichtet sein können. Weiterhin ist es nicht sinnvoll, die Größe von Stör- und Ausgleichspuffern getrennt zu berechnen und dann die beiden Größen aufzusummieren. In diesem Fall würde man sicher zu große Pufferlager erhalten, da sich Stör- und Ausgleichspuffer gegenseitig ergänzen können. Es ist deshalb wünschenswert, Störungs- und Ausgleichspuffer gemeinsam zu dimensionieren.

Die rechnergestützte Optimierung der Puffer kann an Hand diskreter Simulationsmodelle erfolgen. Mit Hilfe der Simulationstechnik ist es möglich, geeignete Heuristiken zu entwickeln, um für bestimmte Systemzustände einer zu planenden Montageanlage die geeignete Pufferlagergröße zu ermitteln. Für den Betrieb flexibler Fertigungssysteme werden solche Verfahren schon seit Mitte der 60er Jahre eingesetzt [105]. Große Bedeutung kommt dabei der Modellbildung zu, da die Abbildungsgenauigkeit des Modells über die Güte der Simulationsexperimente entscheidet. Ein Lösungsweg zur gemeinsammen Bestimmung der Größe von Pufferlagern für Stör- und Ausgleichspuffer von flexiblen Montagesystemen mit Hilfe der Simulation könnte folgendermaßen aussehen:

1. Mit Hilfe eines analytischen Verfahrens aus Kap. 4.2.2 wird die optimale Größe der Störungspuffer bestimmt. Wenn aufgrund der Komplexität des Systems eine Optimierung mit analytischen Verfahren nicht möglich sein soll, kann mit der in diesem Kapitel beschriebenen iterativen Methode eine optimale Puffergröße bestimmt werden.

2. Es werden Simulationsläufe mit zufallsverteilten Ausfällen einzelner Komponenten der Anlage gestartet. Wenn es möglich ist, können bekannte Ausfallwahrscheinlichkeiten einzelner Montagestationen berücksichtigt werden. Als Auftragsbestand kann ein reales oder ein simulativ ermitteltes Produktionsprogramm herangezogen werden.

3. Nach Beendigung der Simulationläufe werden die entstandenen Ausfallkosten berechnet und mit den Kosten verglichen, die durch eine Vergrößerung der Pufferlager entstehen. Falls eine weitere Vergrößerung der Pufferlager wirtschaftlich ist, erfolgen weitere Simulationsläufe mit schrittweise vergrößerten Pufferlagern.

4. Die Puffer werden solange vergrößert, bis die Pufferkosten größer sind als die Ausfallkosten.

5. Die wirtschaftlich günstigste Lösung, die in den Schritten 1 - 4 errechnet wurde, muß zusätzlich noch in Bezug auf das Raumangebot überprüft werden, denn der vorhandene Platz für entpsrechende Puffer ist durch die vom Layout vorgegebenen Randbedingungen nach oben begrenzt.

In flexiblen Montagesystemen kann es die Flexibilität einzelner Stationen der Anlage erlauben, daß, zum Beispiel bei Störungen, die Montageroboter einer anderen Station nach einer Umrüstung die Aufgaben der ausgefallenen Montagesstation übernehmen können. Es ist dann möglich, kleinere Puffer zu verwenden, als mit den beschriebenen Verfahren berechnet wurden. In einem solchen Fall genügt es in der Regel, nur die Ausgleichspuffer zu berücksichtigen. Bei solchen Umstellungen werden aber an die Materialbereitstellung hohe Anforderungen gestellt, so daß es aus materialflußtechnischen Gründen nicht immer sinnvoll ist, Montageoperationen im Fall einer Störung auf einer anderen Station durchführen zu lassen. Mit Hilfe eines Simulationsmodells können aber, wenn es technisch sinnvoll erscheint, Entscheidungshilfen gegeben werden, um die Auswirkung von Umstellungen aufgrund von Störungen zu untersuchen.

5. Graphentheoretische Verfahren als Hilfsmittel der Optimierung fahrerloser Transportsysteme

5.1 Allgemeine Grundlagen der Graphentheorie

Eine besondere Bedeutung bei der Behandlung von Problemen aus dem Bereich des Materialflusses hat die Graphentheorie erlangt. Die Graphentheorie stellt einen Wissenschaftszweig des Operations Research dar. Man versteht darunter eine Vielfalt von mehr oder weniger unterschiedlichen mathematischen Verfahren und Vorgehensweisen, die sich in ihren Grundvorstellungen auf Graphen im weitesten Sinn beziehen. Auf die als Graphen dargestellten Transportbeziehungen eines Materialflußsystems lassen sich die aus dem Operations-Research bekannten Verfahren zur Bestimmung der kürzesten Wege anwenden. Die mit einem solchen Verfahren als Lösung ermittelten optimalen Transportwege können als Fahrstrategien für die Steuerung von fahrerlosen Transportsystemen in einem Simulationsmodell oder im realen System eingesetzt werden.

Unter einem Graphen (oder Netzwerk) G wird allgemein eine nichtleere Menge V von Knoten (engl. vertex) und eine Menge E von Kanten (engl. edge) verstanden, sowie die Inzidenzabbildung h, die jeder Kante ein Punktepaar zuordnet [108-110]. Wenn das einer Kante zugeordnete Punktepaar nicht geordnet ist, wird G als ungerichteter Graph bezeichnet. Wenn das einer Kante zugeordnete Punktepaar geordnet ist, spricht man von einem gerichteten Graphen. Solche gerichteten Kanten nennt man Pfeile mit i als Anfangs- und j als Endknoten [111].

Die listenorientierte Darstellung eines abstrakten Graphen ist sehr unübersichtlich, deshalb wird zur Veranschaulichung eine Darstellung als geometrischer Graph bevorzugt *(Bild 16)*. In dieser Darstellung werden üblicherweise die Knoten des Graphen als Kreise und die Kanten als Verbindungslinien dargestellt. Die Knoten werden durch natürliche Zahlen 1,2,3,...n gekennzeichnet.

Abstrakter Graph   Geometrischer Graph

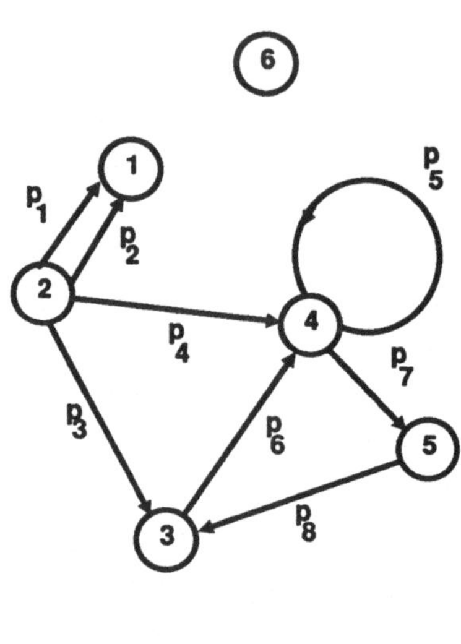

Abbildung 16: Darstellungsformen von Graphen

Gerichtete Kanten werden mit einem Pfeil markiert. Ein ungerichteter Graph kann durch zwei entgegengerichtete Pfeile in einen gerichteten Graphen umgewandelt werden. Wenn zwei Pfeilen das selbe Knotenpaar zugeordnet ist, heißen sie parallel (P_1 und P_2). Unter Schlingen und Schleifen versteht man solche Kanten, die von dem selben Knoten ausgehen und wieder zu ihm zurückführen (P_5). Ein Graph ohne parallele Kanten und ohne Schlingen heißt Digraph, einfacher oder schlichter Graph, der der Normaltyp für die meisten graphentheoretischen Verfahren ist [112,108,113]. Die Anzahl der von einem Knoten i ausgehenden Pfeile wird positiver Grad g_i^+, die Anzahl der in einen Knoten einmündenden Pfeile negativer Grad g_i^- von i genannt. Ein Knoten i mit $g_i^+ > 0$ und $g_i^- = 0$ heißt Quelle, währen ein Knoten i mit $g_i^- > 0$ und $g_i^+ = 0$ Senke genannt wird.

Knoten mit $g_i^- = 0$ und $g_i^+ = 0$ heißen isolierte Knoten. Eine Folge von Pfeilen eines gerichteten Graphen wird Weg genannt. Er wird als offener Weg definiert, wenn der Anfangsknoten vom Endknoten verschieden ist, ansonsten ist er geschlossen.

Das Materialflußsystem eines flexiblen Montagesystems, das zum Beispiel aus einem fahrerlosen Transportsystemen besteht, kann sehr leicht in einen Graphen übergeführt werden. Die Knotenmenge N des Graphen, der ein solches System repräsentiert, setzt sich dabei aus den folgenden Anlagenelementen zusammen:

(1) den Bedienstationen (Liefer und Empfangsorten), an denen die Transportsysteme be- und/oder entladen werden,

(2) den Stellplätzen in einer Lager- bzw. Pufferstrecke,

(3) den Konfliktpunkten. Bei induktiv gesteuerten Transportsystemen handelt es sich im wesentlichen um die Kreuzungen und Weichen der im Layout festgelegten Fahrspuren für die Fahrzeuge des Transportsystems.

(4) den Knoten zur Unterteilung größerer Weglängen. Dadurch kann erreicht werden, daß größere Streckenabschnitte zu lange von einem Wagen blockiert werden. Dies erweist sich vor allem dann als sinnvoll, wenn man in einem flexiblen Montagesystem eine größere Zahl von Wagen einsetzt [87].

Wenn den Knoten eines Graphen ein Wert zugeordnet wird, spricht man von bewerteten Knoten. Beispielsweise könnten den einzelnen Knoten Angebots- und Nachfragemengen zugeordnet sein. In Graphen, die das Transportsystem eines flexiblen Montagesystems repräsentieren, sollen den Knoten keine Bewertungen zugeordnet sein. Diese Einschränkung erlaubt dann den effizienten Einsatz von Optimierungsalgorithmen. Den Kantenbewertungen c_{ij} zwischen den Knoten i und j werden entweder der von einem Flurförderfahrzeug zu durchfahrende Weg zwischen den Stationen i und j eines Montagesystems, oder die Zeit, die ein Transportmittel im Durchschnitt benötigt, zugewiesen.

5.2 Darstellung von Graphen in Computern

5.2.1 Matrixdarstellung von Graphen

Die geometrische und auch die abstrakte Darstellung eines Graphen ist für die
Speicherung und Verarbeitung in Computersystemen ungeeignet. Deshalb muß
die Darstellung der Struktur eines Graphen in einer für Computer verständlichen
Form erfolgen. Der Einsatz von höheren Programmiersprachen erlaubt es, diese
Daten in einer für den Menschen verständlichen Weise darzustellen. Die Speicherung und Verarbeitung der Daten erfolgt dabei mit Hilfe von Sprachelementen,
die meist der englischen Umgangssprache entlehnt sind. Zusammengehörige Daten gleichen Typs werden von höheren Programmiersprachen in Feldern abgelegt. Der Vorteil bei dieser Speichermethode besteht darin, daß eine große Anzahl von Variablen komfortabel durch entsprechende Rechenprogramme weiterverarbeitet werden können.

Im einfachsten Fall wird mit der Bezeichnung F[1:u] ein eindimensionales Feld F
mit u Stellen definiert. Die einzelnen Elemente eines solchen Felds werden mit
F[1],F[2],...F[u] bezeichnet, wobei F der Feldname und [u] die Indexangabe des
Feldelements bedeuten. Entsprechende Verarbeitungsprogramme können dann
sehr leicht über diese Indexangaben auf die Feldinhalte zugreifen und diese wei-
terverarbeiten. Analog kann mit F[1:u;1:v] ein zweidimensionales Feld mit (u x v)
- Plätzen definiert werden. Für solche zweidimensionalen Felder ist die Bezeichnung Matrix üblich, deren einzelne Elemente mit F[1,1],..F[u,v] bezeichnet werden. Diese Darstellung in Form einer Matrix eignet sich besonders zur Abspeicherung der Struktur eines Graphen in einem Computer.

Für die Darstellung des Fahrkurses von fahrerlosen Transportsystemen genügen
auf Grund der physikalischen Gegebenheiten, gerichtete Graphen ohne Schlingen
und parallele Kanten. Die quantitiven Eigenschaften des Systems sind in diesem
Fall nur den Pfeilen des repräsentativen Graphen zugeordnet. Die aus einem solchen gerichteten Graphen mit N Knoten abgeleitete (N x N) Matrix AZ(G), mit

den Elementen $az_{ij} := c_{ij}$, wird allgemein als Adjazenzmatrix des Graphen G bezeichnet *(Bild 17)*. Bei der Anwendung eines Graphen zur Abbildung von Tran-
sportwegen wird diese Matrix als Entfernungsmatrix bezeichnet. Der Nachteil
dieser Darstellungsweise bei der Anwendung auf Materialflußsysteme liegt darin,
daß die Unterscheidung in Konfliktknoten und Hol-/Bringepunkte verloren
geht. Außerdem sind bei komplex venetzten Strukturen diese Matrizen sehr dünn
besetzt, was eine Verarbeitung, zum Beispiel mit gängigen Optimierungsalgorithmen, erschwert, und zu numerischen Problemen führen kann.

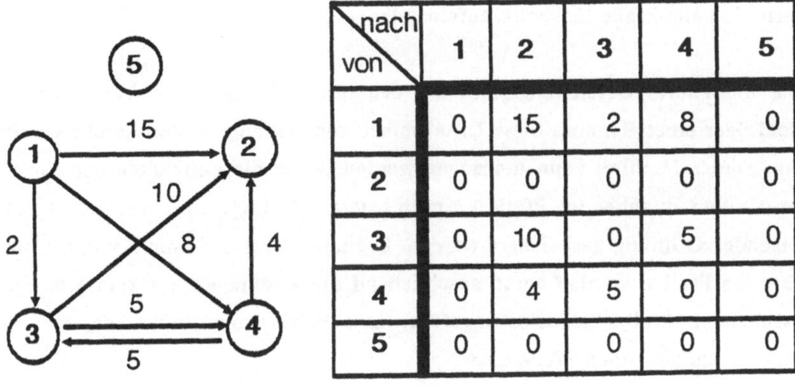

von \ nach	1	2	3	4	5
1	0	15	2	8	0
2	0	0	0	0	0
3	0	10	0	5	0
4	0	4	5	0	0
5	0	0	0	0	0

Bild 17: Überführung eines Graphen in eine Adjazenzmatrix

In einem Rechner wird diese Matrix in ein zweidimensionales Feld AZ[1:N;1:N]
eingelesen und gespeichert. Dabei entsprechen die Knotennummern des Graphen
den Zeilen- und Spaltennummern der Matrix. Das entsprechende Matrixelement
az_{ij} wird mit mit der Länge des Pfeils c_{ij} zwischen dem Knoten i und dem Knoten j belegt, und bei nicht vorhandenen Verbindungen, mit 0 belegt. (z.B. Verbindung aller Knoten zu Knoten 5, Verbindung von Knoten 2 nach 1). Ist der
Knoten i des Graphen eine Quelle, enthält die i-te Spalte von AZ[1:N;1:N] aus-
schließlich die Elemente Null (Knoten 1), ist der Knoten i eine Senke, sind die
Elemente der i-ten Zeile mit Null belegt (Knoten 2).

5.2.2 Listendarstellung von Graphen

Eine weitere Darstellungsart für Graphen ist die tabellarische Auflistung der einzelnen Pfeile c_{ij}. Eine derartige Liste enthält mindestens 3 Spalten, in denen die Anfangsknoten i, die Endknoten j und die Länge der Pfeile c_{ij} des Graphen abgelegt werden. Diese Form ist für einen Betrachter zwar wesentlich unübersichtlicher als die bewertete Adjazenzmatrix eines Graphen, hat aber als "Pfeileingabe" bei Rechnerprogrammen eine besondere Bedeutung erlangt. Bei der Ermittlung kürzester Wege durch einen Graphen mit Hilfe der später beschriebenen Algorithmen ist es notwendig, die Pfeile eines Graphen so in einer Liste zu speichern, daß alle Pfeile lückenlos aufeinander folgen.

Eine unsortierte Darstellungsform hat den Nachteil, daß zum Auffinden der Nachfolger eines Knotens diese Liste immer von Anfang an durchsucht werden muß. Dieser Nachteil kann umgangen werden, wenn die Endknoten der von einem Knoten ausgehenden Pfeile 1,...m in einem Feld EK[1:m] sequentiell in aufsteigender Ordnung gespeichert werden. Beginnend mit den vom Knoten 1 ausgehenden Pfeilen werden daran anschließend die Endknoten der vom Knoten 2 ausgehenden Pfeile lückenlos angefügt, anschließend die Endknoten der vom Knoten 3 ausgehenden Pfeile u.s.w.

In einem Zeigerfeld der Endknoten ZEIGEK[1:N+1] werden durch die Listenelemente ZEIGEK[i] := Elementnummer j der Endknotenliste EK für i = 2,3,...,n agegeben, daß an der Stelle j der Speicherbereich der Nachfolger des Knotens i beginnt. Ferner wird ZEIGEK[N+1] := K+1 definiert, um den Knoten [N] wie alle anderen Knoten behandeln zu können. Diese Speicherform ermöglicht einen leichten Zgriff auf die Nachfolger jedes Knotens. Zum Ansprechen der Nachfolger des i-ten Knotens genügt die einfache Programmanweisung:

für alle j von ZEIGEK[i] bis ZEIGEK[i+1]-1 setze: ...

Da diese Art der Darstellung nur für unbewertete Graphen geeignet ist, muß für die Pfeilbewertung ein weiteres Feld CP[1:K] parallel zum Feld EK[1:K] aufgebaut werden. Für den Graphen aus Bild 17 mit N = 5 Knoten und K = 7 Pfeilen ist die geschilderte Speicherform in Abb. 18 dargestellt:

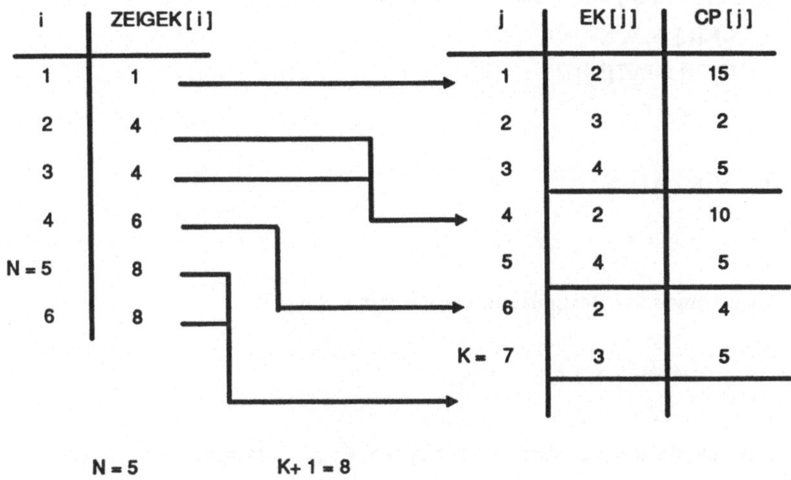

Bild 18: Knotenorientierte Listenform

Aus ZEIGEK[2] = ZEIGEK[3] folgt, daß Knoten [2] keinen Nachfolger besitzt. Gleiches gilt für Knoten [5]. Verwendet man die knotenorientierte Listendarstellung, sind für einen bewerteten Graphen nur 2K + N + 1 Speicherplätze erforderlich. Um die Nachfolger jedes Knotens in der Reihenfolge wachsender Knotennummern abspeichern zu können, existieren eine Reihe von Sortierverfahren wie z.B. *Quicksor* oder *Heapsort* [114].

Ein einfacheres Verfahren bietet die Anwendung des folgenden Algorithmus, der die Matrixdarstellung eines Graphen in eine knotenorientierte Listendarstellung überführt und der mit Hilfe der Bilder 17 und 18 leicht nachvollzogen werden kann. Der Vorteil dieses Verfahren liegt darin, daß durch die Art der Abspeicherung die Endknoten bereits in aufsteigender Reihenfolge sortiert werden:

1. k := 1

2. Setze für jedes i von 1 bis N:
    ZEIGEK[i] := k
    Setze für jedes j von 1 bis N, falls AZ[i,j] = 0:
        EK[k] := j
        CP[k] := AZ[i,j]
        k := k + 1

3. ZEIGEK[N+1] := k

5.3. Algorithmen zur Bestimmung des kürzesten Wegs

5.3.1 Klassifizierung der Algorithmen

Die Bestimmung der kürzesten und längsten Wege in Graphen ist ein wichtiges Anwendungsgebiet der Graphentheorie. Zur Lösung dieser Probleme wurden eine Reihe von Verfahren entwickelt, die zuerst von DIJKSTRA und DANTZIG in den Jahren 1959 und 1960 vorgestellt wurden [115,116]. Diese Verfahren zur Bestimmung von kritischen Wegen in Netzplänen können zur Lösung von Problemen herangezogen werden, wie sie beim Einsatz und der Planung von Materialflußsystemen in flexiblen Montagesystemen auftreten. Die nachfolgend beschriebenen Verfahren sind Algorithmen, die auf Digraphen anwendbar sind und die, wie im vorherigen Kapitel beschrieben, für die Abbildung von Materialflußsystemen ausreichen. Für solche Graphen mit nichtnegativer Pfeilbewertung existieren eine Reihe von Verfahren, die sich in zwei Gruppen einteilen lassen. Die erste Gruppe bilden Algorithmen, bei denen immer sämtliche Kanten und Knoten, die in dem Rechner eingegeben worden sind, sowie die inzwischen ermittelten Daten, verfügbar sein müssen. Die Berechnung beschränkt sich in jeder Phase nicht auf sogenannte Subgraphen von G, wie dies bei den Verfahren der zweiten Gruppe der Fall ist, sondern auf den kompletten Graphen G. Diese Verfahren können weiter unterteilt werden.

Baumalgorithmen bestimmen *einen* kürzesten Weg und dessen Länge von einem Startknoten S zu allen anderen Knoten des Graphen, von allen Knoten des Graphen zum Zielknoten Z, oder vom Startknoten S zu einer kleinen Zahl von Zielknoten bestimmen, ohne daß gleichzeitig die kürzesten Wege für alle übrigen Knotenpaare des Graphen mitbestimmt werden. Die sogennanten Matrixalgorithmen ermitteln *simultan* die kürzesten Wege und deren Länge zwischen allen Knoten eines bewerteten Digraphen. Diese Algorithmen bedienen sich dazu spezieller Matrixoperationen. Gegenüber den Baumalgorithmen erfordern die Matrixalgorithmen allerdings einen höheren Rechenaufwand.

Algorithmen, bei denen zunächst der Graph in volle Subgraphen zerlegt wird, für die dann die jeweils kürzesten Wege ermittelt werden, werden Zerlegungs- oder Dekompositionsalgorithmen genannt. Auf diese Subgraphen kann dann ein Baum- oder Matrixalgorithmus angewandt werden. Durch eine geeignete Verknüpfung der Subgraphen wird das gewünschte Endergebnis erzielt. Die Hauptschwierigkeit bei diesen Algorithmen besteht darin, eine geeignete Zerlegung des Graphen G zu finden. Die Verfahren wurden für umfangreiche Graphen entwickelt, deren Adjazenzmatrix die interne Speicherkapazität der Rechenanlage überschreitet. Auf Grund der Entwicklung der Speicherkapazität bei modernen Computersystemen haben diese Algorithmen praktisch jede Bedeutung verloren.

Für Graphen mit relativ wenigen Pfeilen, wie sie Materialflußsysteme darstellen, sind in der Regel die Baumalgorithmen den Matrixalgorithmen überlegen. Beim Einsatz von Optimierungsalgorithmen in Simulationsmodellen muß jedoch auf jeden Fall gewährleistet sein, daß die Rechenzeit, die der Algorithmus benötigt, kleiner ist als das gewünschte Simulationsintervall. Bei der Verwendung von Baumalgorithmen in Simulationsmodellen ist außerdem zu bedenken, daß ein Baumalgorithmus zu einem bestimmten Simulationszeitpunkt wiederholt angewendet werden muß. Es kann sich also die Frage stellen, ob zum Beispiel bei einer größeren Zahl von Transportaufträgen pro Simulationszeitpunkt und/oder bei einer größeren Zahl von eingesetzten Transportfahrzeugen, ein Matrixalgorithmus effizienter arbeiten kann als ein wiederholt angewendeter Baumalgorithmus.

5.3.2 Das Verfahren von DANTZIG

Der in der Literatur am häufigsten beschriebene Baumalgorithmus ist das Verfahren von DANTZIG [114]. Dieser Algorithmus bestimmt den kürzesten Weg von einem Knoten Startknoten S zu allen anderen Knoten j eines Graphen. Er ist für Digraphen geeignet, die Zyklen positiver Länge enthalten dürfen und die aus N Knoten und M Kanten bestehen. Für den Algorithmus werden die Kantenbewertungen c_{ij} für die Kanten vom Knoten i zum Knoten j in Form einer bewerteten Adjazenzmatrix AZ[1:N,1:N] abgelegt, deren Diagonalglieder den Wert 0 erhalten. Wenn zwischen zwei Knoten i und j keine Kante des Digraphen vorliegt, wird c_{ij} = oo gesetzt. Für die Lösung des Problems mit Hilfe eines Rechners werden zusätzlich zur Adjazenzmatrix zwei Felder benötigt. In einem Feld W[1:N] werden die Vorgänger von j auf einem kürzesten Weg vom Startknoten S nach dem Knoten j abgelegt. Die Elemente rn_j des Routenvektors R[1:N] speichern die Länge des kürzesten Wegs vom Startknoten nach den Knoten j.

Im einzelnen wird beim Algorithmus nach DANTZIG im k-ten Schritt (k=1,2,...) des Verfahrens eine Knoten-Teilmenge H_k mit H_1 H_2 H_3 ... und $|H_k|$ = k gebildet. H_k umfaßt nach dem k-ten Schritt alle diejenigen Knoten, deren kürzeste Entfernung vom Startknoten S bereits bekannt ist. H_1 enthält den Startknoten und H_2 wird zusätzlich dazu um einen Knoten j_2 erweitert, für den gilt:

$$c_{S,j2} = \min c_{S,j}$$
$$j \in N\,[S]\ (\triangleq \text{Nachfolger von S})$$

Für S und j_2 setzt man:

$$rn_S = 0$$
$$rn_{j2} = c_{S,j1}$$

Alle übrigen Knoten erhalten die Werte rn_j := oo und w_j := 0. Damit ist der erste Schritt des Verfahrens beendet.

Im k-ten Schritt (k=2,3,...) bestimmt man dann einen Knoten j_{k+1} aus der Menge der Knoten des Digraphen, die noch nicht in H_k enthalten waren. Weiterhin bestimmt man einen Vorgänger $i^* \in H_k$, wobei gilt:

$$f := rn_i^* + c_i^*_{,jk+1} = \min (rn_i + c_{ij})$$

$$i \in H_k \quad \text{und} \quad j \in N(H_k) - H_k$$

Man setzt:

$$rn_{j,k+1} = f$$
$$w_{j,k+1} = i^*$$

Dieses Verfahren wird so lange wiederholt, bis $k = N$ ist. Es kann aber schon vorher abgebrochen werden, wenn H_k alle interessierenen Knoten des Graphen enthält.

5.3.3 Der DIJKSTRA - Algorithmus

In der Literatur werden unter dem Namen DIJKSTRA-Verfahren eine Reihe von Algorithmen beschrieben, die alle dem gleichen Grundprinzip folgen [112,117]. Der DIJKSTRA-Algorithmus beginnt am Anfangsknoten und berechnet die direkten Wege zu allen Nachbarknoten. Von diesen Knoten geht man weiter zu allen von hier aus erreichbaren Knoten unter Ausnahme derjenigen, die in der jeweiligen Wegefolge bereits enthalten sind. Führen mehrere Wege zu den gleichen Koten, so werden die längsten Wege gestrichen und für die weitere Rechnung nicht mehr verwendet. Im Folgenden soll ein Algorithmus zur Bestimmung der kürzesten Wegen in einem nichtnegativen bewerteten Digraphen mit N Knoten dargestellt werden. Der Algorithmus benötigt 2 Distanz- und Routenfelder der Länge N D[1:N],R[1:N] und eine Menge MK zur Speicherung der markierten Knoten.

1. Startbedingungen:

MK:= S

D[i] := oo für i = 1,...,N mit i $\neq$ S

D[S] := 0

2. Iteration

a) wähle den Knoten k, für den gilt:

D[k] = min (D[i] | i $\in$ M)

b) k wird aus MK eliminiert

c) setze für alle j $\in$ NF(k) entweder:

      aa) j wurde von S aus nicht erreicht, d.h. j $\in$ MK und D[j] = oo

         D[j] := D[k] + c[k,j]

         R[j] := k

         MK : MK $\cup$ {j}

      bb) j war markiert und wurde überprüft, d.h. j MK und D[j] < oo

         wähle das nächste j $\in$ NF(K) oder gehe zum nächsten

         Iterationsschritt, falls alle Nachfolger von k bereits

         untersucht wurden

      cc) j $\in$ MK

         falls D[k] + c[k,j] < d[j] setze

         D[j] := D[k] + c[k,j]

         R[j] := k

3. Abbruchkriterium

Die Menge MK ist leer.

4. Ergebnis

Wenn der Zielknoten Z von S aus erreichbar ist, enthält D[S] die kürzeste
Entfernung von S nach Z. Aus dem Routenfeld wird der kürzeste Weg rekursiv ermittelt. Ist D[S] = oo, so ist Z von S aus nicht erreichbar.

5.3.4 Das Verfahren von MOORE und FORD

Das Verfahren von FORD/MOORE stellt eine Verallgemeinerung des Verfahrens
von MOORE dar, welches nur Graphen verarbeiten kann, deren Pfeile gleiche
Bewertungen aufweisen [121,125]. Im Gegensatz zum Verfahren von MOORE ist
der Algorithmus nach FORD auf Graphen mit beliebigen nicht-negativen Pfeilen
anwendbar. In der bei TINHOFER geschilderten Form ist er sogar für negative
Pfeile c_{ij} geeignet [112]. Bei zyklenfreien Graphen gilt eine nach BELLMAN be-
nannte Variante des Algorithmus von FORD als besonders günstig. Da jedoch ein
Graph, der ein Transportsystem von flexibel automatisierten Montagesystemen
repräsentiert, immer Zyklen enthält, soll in dieser Arbeit auf die an sich elegante
Methode von BELLMAN nicht eingegangen werden.

Beim Algorithmus von FORD wird in einer Reihe von Iterationsschritten je ein
kürzester Weg einem Startknoten S zu allen übrigen Knoten j des Graphen ermittelt. Das Verfahren besteht aus einer Aufeinanderfolge von Schritten, bei denen
bestimmte Knoten markiert werden. In jedem Iterationsschritt wird die Information über die Längen der bisher kürzesten Wege gespeichert und diese Informationen dann im nächsten Schritt berücksichtigt [112,114,117,119]. Da in jedem
Schritt bestimmte Knoten markiert werden müssen, ist es bei der Anwendung
dieses Verfahrens von Bedeutung, auf welche Weise die Menge der markierten
Knoten gespeichert werden soll.

Die einfachste Möglichkeit besteht darin, ein Feld MARKE[1:N] einzuführen
und für einen im k-ten Iterationsschritt markierten Knoten i MARKE[i] := k zu
speichern. Diese Knoten werden dann im (k+1)-ten Iterationsschritt überprüft.
Eine günstigere Möglichkeit würde darin bestehen, mit Hilfe des Feldes MAR-
KE lediglich zu unterscheiden, ob Knoten i gegenwärtig markiert ist (MARKE[i]
:= 1) oder nicht (MARKE[i] := 0) [114]. Für einen Iterationsschritt werden die
Knoten jeweils von 1 bis N untersucht. Ist ein Knoten i markiert, wird er überprüft, unter Umständen einige seiner Nachfolger markiert, und MARKE[i] := 0
gesetzt. Wird bei einem vollständigen Durchlauf kein markierter Knoten mehr
gefunden, ist das Verfahren beendet.

Auch diese zweite Möglichkeit der Implementierung des FORD - Algorithmus
würde einen sehr großen Suchaufwand erfordern, der sich aber verringern läßt,
wenn die Menge der markierten Knoten als Schlange gespeichert wird. Unter ei-
ner Schlange wird eine Folge von Elementen verstanden, bei der nur am Ende
Elemente hinzugefügt und nur am Anfang Elemente entfernt werden können.
Eine Schlange wird auch FIFO-Speicher (First In - First Out) genannt. Das erste
Element wird als Schlangenkopf, das letzte als Schlangenschwanz bezeichnet. Im
Gegensatz dazu ist ein Stapel eine Folge von Elementen, bei der nur am Anfang
Elemente hinzugefügt oder entfernt werden können. Ein Stapel kann deshalb als
LIFO-Speicher (Last In - First Out) bezeichnet werden.

Für die praktische Anwendung des Algorithmus werden die markierten Knoten
des Graphen G in einem Feld S[1:n] so abgespeichert, daß von jedem Element
auf das in der Schlange unmittelbar nachfolgende Element verwiesen wird. Dazu
gibt ein Anfangszeiger den Schlangenkopf SK, ein Endzeiger den Schlangenschwanz SS an. Während des Iterationsverfahrens wird in jedem einzelnen Schritt
der am Anfang der Schlange stehende Knoten SK überprüft. Werden Knoten neu
markiert, so werden sie am Schlangenende angefügt. Da der zuerst markierte
Knoten auch als erster überprüft wird, erhält man einen FIFO-Algorithmus. Die
Information, ob sich ein Knoten i gerade in der Schlange befindet, sich bereits
darin befand, oder nicht mehr darin befindet, kann folgendermaßen in S[i] gespeichert werden:

$$
S[i] = \begin{cases}
0 & \text{falls } i \text{ bisher nicht Schlangenelement war} \\
h & \text{falls } i \text{ Element von S und h der nächstfolgende Knoten ist} \\
\infty & \text{falls } i \text{ der letzte Knoten (SS) der Schlange ist} \\
-1 & \text{falls } i \text{ bereits Schlangenelement war, gegenwärtig aber} \\
  & \text{nicht dazu gehört}
\end{cases}
$$

Wie Untersuchungen von PAPE gezeigt haben, kann dieser Algorithmus durch
eine geringfügige Modifikation verbessert werden [123]. Die dort von D'ESOPO
vorgeschlagene Änderung des FIFO-Algorithmus besteht darin, daß ein gerade

markierter Knoten i nur dann am Ende der Schlange angefügt wird, wenn er erstmals markiert wurde. War der Knoten bereits markiert, wird er unmittelbar nach dem Schlangenkopf in die Schlange aufgenommen und folglich bevorzugt erneut überprüft. Der D'ESOPO Algorithmus stellt demnach eine Kombination aus einem FIFO - und LIFO - Algorithmus dar. Der Algorithmus zur Berechnung des kürzesten Wegs nach dem bei PAPE beschriebenen modifizierten Verfahren kann in der folgenden Weise dargestellt werden:

1. Voraussetzungen:

* Ein bewerteter Digraph G mit n Knoten und m Kanten, der keine negativen Zyklen besitzt, wird in Form einer knotenorientierten Liste gespeichert, wobei die Nachfolger jedes Knoten in der Reihenfolge wachsender Knotennummern geordnet sind.

* Der Startknoten ist ein Element der Knotenmenge V des Graphen G

* Es existiern je ein Distanz und Routenfeld der Länge n; $D[1:n]$, $R[1:n]$.

* Es gibt ein Feld $S[1:n]$, in dem eine Schlange gekettet gespeichert wird.

* Die Variable SK bezeichnet den Schlangenkopf, SS den Schlangenschwanz.

2. Startbedingungen:

$SK := SS := S;$
$D[i] := \infty$ für $i = 1,...,n$ mit $i \neq S;$
$D[S] := 0;$

3. Iteration:

a) für alle $j \in NF(SK)$, für die gilt:

$D[SK] + c(SK,j) < D[j]$ setze:
$\quad D[j] := D[SK] + c[SK,j];$
$\quad R[j] := SK;$

falls die Schlange leer ist, eröffne die Schlange:

    S(SK) := j;

    S(j) := j;

sonst durchsuche die Schlange:

falls j∈S, wird j in die Schlange aufgenommen:

aa) entweder unmittelbar nach dem Schlangenkopf, wenn $S[j] = -1$:

    MERK := S[SK];

    S[SK] := j;

    S[j] := MERK;

bb) oder am Schlangenschwanz, wenn $S[j] = 0$;

    S[SS] := j;

    SS := j;

    S[SS] := oo;

b) falls SK := SS, Ende der Iteration.

c) SK := S[SK]

4. Abbruchkriterium:

Die Schlange ist leer.

5. Ergebnis:

Ist ein Knoten Z vom Startknoten S aus erreichbar, enthält D[S] die kürzeste Entfernung von S nach Z. Aus dem Routenfeld läßt sich dann der kürzeste Weg $w = (S,...,R[R[b]],R[b],b)$ rekursiv ermitteln. Ist $D[S] = oo$, ist der Zielknoten Z von S aus nicht erreichbar.

5.4 Bewertung der vorgestellten Algorithmen

Die vorgestellten Verfahren unterscheiden sich hauptsächlich in der Auswahl der markierten Knoten zur Überprüfung. Nach DOMSCHKE [114] ist das Verfahren nach DANTZIG demjenigen von DIJKSTRA hinsichtlich der Rechenzeit immer unterlegen. Seine Arbeit aus dem Jahr 1971 hat wohl auch dazu beigetragen, daß der DANTZIG - Algorithmus in der neueren deutschsprachigen Literatur meist unerwähnt bleibt [112,117-120]. Es sind demnach als Algorithmen für die Optimierung der Steuerungsstrategien fahrerloser Transportsysteme nur noch die Verfahren von DIJKSTRA und FORD in die engere Wahl zu ziehen.

Der DIJKSTRA-Algorithmus überprüft unter den markierten Knoten denjenigen Knoten i, dessen aktuelle kürzeste Entfernung vom Startknoten S den kleinsten Wert besitzt. Der von S nach i gefundene Weg ändert sich im Laufe des Verfahrens nicht mehr. Die Verfahren, bei denen jeder von S aus erreichbare Knoten genau einmal überprüft wird, werden auch Label-Setting- (LS-) Methoden genannt. Beim Verfahren von FORD werden im Iterationsschritt k die im Schritt k-1 markierten Knoten überprüft. Dabei ist es möglich, daß einmal überprüfte Knoten erneut markiert und in die Schlange aufgenommen werden, wenn sich ihre aktuelle kürzeste Entfernung von S weiter verringern läßt. Die Verfahren, in denen der selbe Knoten unter Umständen mehrmals überprüft werden muß, können auch unter dem Begriff Label-Correcting- (LC-) Methoden zusammengefaßt werden [124].

Vergleicht man die Effizienz der LC und LS- Methoden, dann ist die maximale Rechenzeit für vollständige Graphen von untergeordneter Bedeutung, da Graphen, die ein Verkehrsnetz für fahrerlose Transportsysteme repräsentieren, relativ wenige Pfeile besitzen. DIAL et al. fanden in Vergleichstest den FORD - Algorithmus in der Modifikation von D'ESOPO im Vergleich zum DIJKSTRA - Algorithmus umso günstiger, je kleiner für die Graphen das Knoten-/Kantenverhältnis N/M und je größer die Differenz zwischen maximaler und minimaler Pfeilbewertung war [124]. Diese Tests zeigten, daß das Verfahren von FORD für Graphen mit einem Knoten/Kantenverhältnis N/M = 10 bevorzugt angewendet werden sollte. Die Auswertung der Layouts von Materialflußsystemen mit fahrerlosen Transportsystemen zeigte, daß diese in der Regel ein Knoten/Kantenverhältnis = 10 besitzen. Aus diesem Grund ist als geeignetes Verfahren für die Optimierung der Steuerung des Einsatzes von fahrerlosen Transportsystemen in flexibel automatisierten Montagesystemen das Verfahren von FORD am besten geeignet.

Bei dem Einsatz eines Optimierungsverfahrens zur Ermittlung einer optimalen Fahrstrategie für fahrerlose Transportsysteme ist zu bedenken, daß die rechnerisch gefundenen Lösungen nur gelten, wenn ein einzelnes Fahrzeug seinen Weg zum Ziel zurücklegt. Eventuelle weitere Fahrzeuge müssen während dieser Zeit warten und dürfen ihren Standort nicht verändern. Da in Materialflußsystemen sich in der Regel mehrere Fahrzeuge gleichzeitig in Bewegung befinden, kann der rechnerisch gefundene optimale Weg und die dafür berechnete Zeit nicht dem tatsächlichen Zeitverbrauch entsprechen.

Es ist sogar denkbar, daß ein Fahrzeug auf einem mit Hilfe von Optimierungsalgorithmen ermittelten kürzesten Weg, erheblich länger unterwegs sein kann als auf einem anderen, an sich längeren Pfad. Der Grund kann in Blockierungen durch andere Fahrzeuge und andere ungeplante, stochastisch verteilte Wartezeiten zu sehen sein, die erst eintreten, wenn das fahrerlose Transportsystem zu seinem Ziel auf dem errechneten Weg gestartet ist. Es wird um so häufiger einen "schnelleren" Weg als den Berechneten geben, je mehr Fahrzeuge in einem Layout eingesetzt werden. Deshalb lassen sich bei einer sehr großen Anzahl von Fahrzeugen in einem vorgegebenen Layout, die Fahrkurse der einzelnen Transportsysteme mit Hilfe von Optimierungsalgorithmen vorab kaum mehr ermitteln. Eine aufwendige Möglichkeit, um in solchen Fällen zu sinnvollen Ergebnissen zu gelangen, könnte darin bestehen, Alternativstrategien mit Hilfe von Simulationen durchzuspielen, um iterativ zu einem realitätsnahen Ergebnis zu gelangen.

6. Systemtheorie und rechnergestützte Simulation als Werkzeuge der Planung flexibler Montagesysteme

6.1 System, Systemtheorie und Systemtechnik

6.1.1 Definition der Begriffe

Der Ausgangspunkt einer jeden Modellbildung und Simulation ist das Vorhandensein von Systemen [12]. Der Begriff System leitet sich etymologisch aus dem Griechischen von *systema* ab und bedeutet *das Zusammengestellte*. Der Begriff System wird heute nicht nur für gegenständliche, reale oder geplante Systeme verwendet, sondern wird weiter gefaßt und bezieht sich z. B. auch auf hypothetische oder nicht gegenständliche, wie soziale oder ökonomische Systeme. In all diesen Bereichen soll die Verwendung des Wortes System darauf hinweisen, daß der Betrachtungsgegenstand als strukturierte Gesamtheit gesehen wird.

Ein Realsystem hat von Natur aus keine Struktur, sondern kann als quasi amorphes Gebilde angesehen werden, das die Eigenschaft, ein System zu sein, nicht schon von Haus aus besitzt. Aus einer vorliegenden Realität wird erst durch die die von Menschen festgelegte Definition einer systemkonstituierenden Topologie ein System. Die vom Betrachter eines solchen Gebildes frei definierten Regeln legen fest, wie eine an sich a priori nicht faßbare Realität anschaulich wird und gewisse Teilbereiche des Ganzen als Systeme erkannt werden. Diese Handhabung des Systembegriffs bedeutet aber, daß die Systemeigenschaft einer Realität willkürlich ist und die Qualität dieser Systeme als Anschauungsobjekt allein vom Urheber der Definition abhängt[1].

----

1. Die Qualität der Definition des Systembegriffs als fundamentale Theorie wird von RAPOPORT in [126] sehr gut beschrieben:

"One simply cannot expect high predictive power from a theory for which elements were freely chosen by the basis of their presumed relevance and for which laws of interaction were also freely chosen...the value of such models is heuristic:they contribute to the sophistication of their investigator even when he is a long way from a successful theory.

Die definitorisch festgelegte Eigenschaft der Strukturiertheit von Systemen setzt
voraus, daß die betrachtete Ganzheit aus mehreren Teilen besteht. Mehrere Objekte bilden zusammen nur dann ein System, wenn diese Objekte miteinander in
Beziehung stehen [130]. Ein System kann demnach immer aus einzelnen Objekten
aufgebaut werden, die wiederum selbst als selbständige (Sub) Systeme angesehen
werden können, die durch Relationen miteinander in Beziehung stehen *(Bild
19)*. Dieser hierarchische Aufbau von Systemen läßt sich beliebig ausdehnen, bis
zur Beschreibung eines unendlich großen Systems (Universum). Da definitions-
gemäß immer nur ein Ausschnitt (Teilsystem) der Realität betrachtet wird, ge-
hört zu einem System immer auch eine Systemumwelt, die die außerhalb der Systemgrenzen liegenden und nicht berücksichtigten (Sub) Systeme und deren Relationen beinhaltet [10].

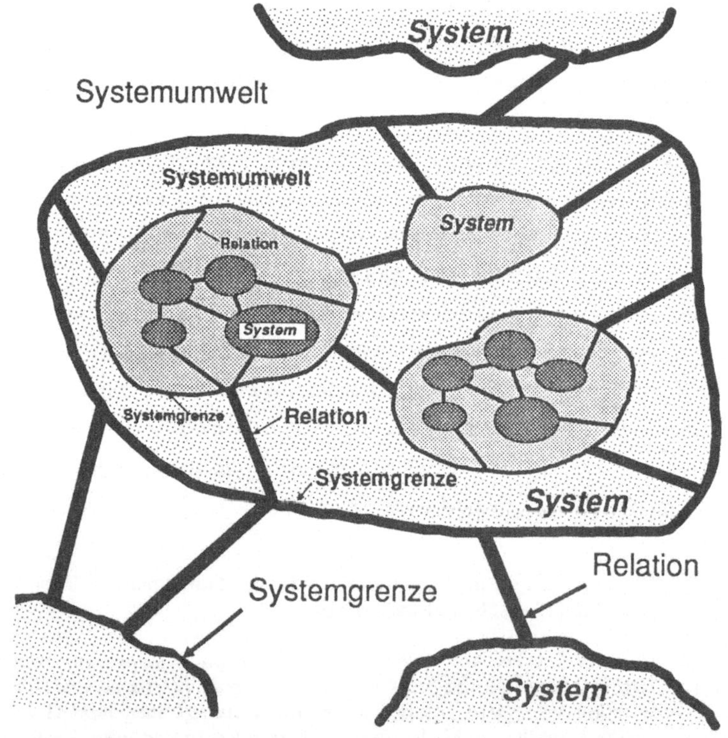

Bild 19: Hierarchischer Aufbau von Systemen aus Teilsystemen

Systeme können, neben anderen Merkmalsausprägungen, nach ihren Relationen zur Systemumwelt und ihrem zeitlichen Verhalten klassifiziert werden. Geschlossene Systeme besitzen keine externen Relationen zwischen der Systemumwelt und dem innerhalb der Systemgrenzen liegenden (Teil)System. Geschlossene Systeme sind immer Idealisierungen, bei denen alle, oder zumindestens die meisten der Verbindungen zur Umwelt vernachlässigt werden. Bei offenen Systemen bestehen externe Relationen zu Systemumwelt. Reale Systeme sind grundsätzlich immer offene Systeme. Nur durch Vereinfachungen können reale Systeme in geschlossene Systeme übergeführt werden.

In einem statischen System verändern sich während eines Zeitabschnitts die Elemente und Relationen nicht. Der Zustand des Systems ist somit fest und zeitunabhängig. Der Zustand von dynamischen Systemen ist zeitabhängig und verändert sich im Zeitablauf. Dynamische Systeme werden durch zwei Eigenschaften hinreichend charakterisiert. Durch die Systemstruktur wird die "Organisation" des Systems beschrieben, welche die funktionalen Beziehungen zwischen den einzelnen Elementen definiert. Das Systemverhalten beschreibt die chronologische Abfolge von Zustandswerten der Systemvariablen. Dynamische Systeme werden oft auch als Prozesse bezeichnet. Die Systeme, die flexibel automatisierte Montageanlagen beschreiben, können immer als offene, dynamische Systeme angesehen werden, die zur Modellbildung im Rechner in eine Idealisierung als geschlossenes Modell übergeführt werden.

Die allgemeine Systemtheorie stellt für die Entwicklung neuer systemorientierter Konzepte eine wichtige Grundlage dar. Sie befaßt sich mit den generellen Eigenschaften von Systemen aus den verschiedensten Bereichen. Ziel der allgemeinen Systemtheorie ist die Ableitung allgemeingültiger Regeln, die für alle Systeme gelten, diese logisch-mathematisch als Systemgesetze herausarbeiten und in verschiedenen Wissenschaftsbereichen verwerten [131,132]. Der Systembegriff ist dabei mehr oder weniger das Vehikel zur Schaffung einer einheitlichen Wissenschaftsgrundlage, einer *superstruktur of science* wie die Systemtheorie von v. BERTALANFFY, dem Initiator der Systemtheorie, bezeichnet wird [133].

Um systemtheoretische Prinzipien anwenden zu können, werden aber Systeme
benötigt, die diese Prinzipien auch auf sich anwenden lassen. Die Verhaltenswei-
sen solcher Systeme können dann mit Hilfe von mathematischen Modellen erklärt
werden. Die mit solchen Modellen erarbeiteten Erkenntnisse sollen dazu dienen,
Struktur, Verhalten und Einflußparameter von realen Systemen zu erklären, um
dadurch solche Systeme zu kontrollieren, sowie für die Zukunft bessere Systeme
planen zu können [134]. Diese Erkenntnisse liegen oft nicht in expliziter Form
vor, sondern existieren nur mehr oder minder im Bewußtsein des Planers. Sie
müssen in diesem Fall formalisiert werden, um später auf reale Systeme übertragen werden zu können, formalisiert werden. Dazu werden die vorliegenden Aussagen in die theoretische Sprache eines Kalküls transformiert [135]. Die dafür
notwendigen Korrespondenzregeln müssen von Fall zu Fall neu gebildet werden.
Sie können deshalb nicht verallgemeinert werden und in ein allgemeingültiges
Schema gebracht werden.

Unter der Systemtechnik ist eine Menge von Denkmodellen, Arbeitsmethoden
und Organisationsformen zu verstehen, die sich auf die Planung, die Gestaltung
und den Betrieb komplexer technischer Systeme in technischen und soziotechni-
schen Anwendungen beziehen [127,128,129]. Die Systemtechnik zeichnet sich dadurch aus, daß technische Einzelerscheinungen in einem breiteren Kontext gesehen werden. Die Systemtechnik kann als die Methode verstanden werden, die auf
der Basis des Systembegriffs und der Anwendung der systemtheoretischen
Grundlagen als Hilfsmittel eine Methode liefert, um komplexe Systeme handhaben zu können. Der Pragmatismus, der die systemtechnische Methode beinhaltet,
wird am besten mit der ursprünglichen griechischen Bedeutung[2] des zweiten
Wortteils *Technik* erklärt *(Bild 20)*. Das zentrale Problem jeder systemtechnischen Fragestellung besteht in dem Versuch, das ganzheitliche Verhalten eines
definierten individuellen Systems durch die Eigenschaft seiner Teile und der
Umwelteinflüsse zu erklären.

----

2. *techne = (Kunst, Fertigkeit)*, d.h. konstruktives Schaffen von Erzeugnissen unter Berücksichtigung natürlicher Ereignisse, Kunst etwas Bestimmtes zu erzielen.

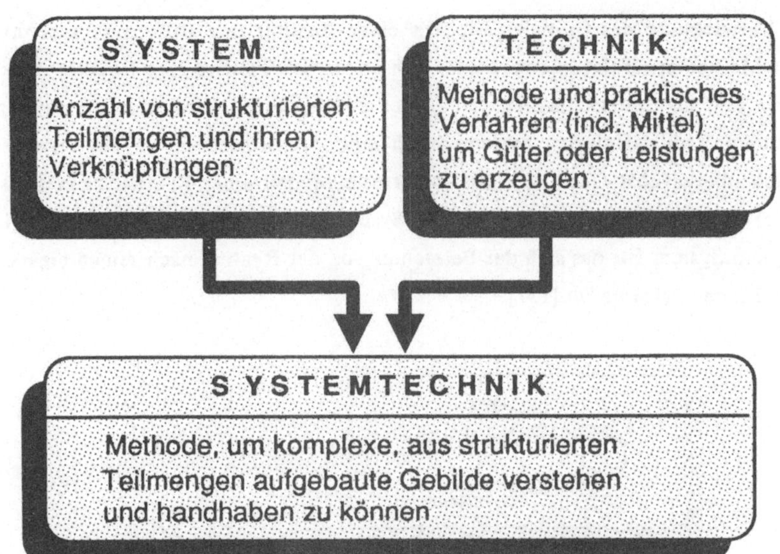

Bild 20: Definition des Begriffs Systemtechnik

6.1.2 Systemtheoretische Betrachtung des Modellbildungsprozesses

Die Grundlage für ein Simulationsmodell zur Untersuchung des Verhaltens komplexer Montageanlagen ist ein formales Modell. Dieses kann zweckmäßgerweise aus Strukturen entwickelt werden, die mit Hilfe des Systembegriffs definiert worden sind. Dieses Modell kann dann einfach in ein ablauffähiges Simulationsmodell übergeführt werden. Das zentrale Problem, das sich bei der Formulierung solcher Modelle stellt, ist die Komplexität der in den realen Anlagen ablaufenden Prozesse, die eine mathematisch präzise Abbildung der Realität auf ein Modell nicht zulassen. Die Schwierigkeiten bei der Entwicklung solcher Modelle liegen deshalb nicht in den mathematischen Modellierungstechniken, sondern sind konzeptioneller Natur [136].

Die Entwicklung des formalen Modells einer Realität mit Hilfe systemtechnischer Methoden erfolgt in zwei Stufen. Im ersten Schritt wird eine Realität strukturiert und als System klassifiziert. In der zweiten Stufe wird dann dieses vom Betrachter frei definierte System durch eine Transformation in ein formales Modell übergeführt *(Bild 21)*. Dieses formale Modell einer Realität kann selbst wiederum als abstraktes, hypothetisches System aufgefaßt werden, das abhängig von dem System ist, das sich der Betrachter von der Realität nach seinen eigenen Definitionen geformt hat [131].

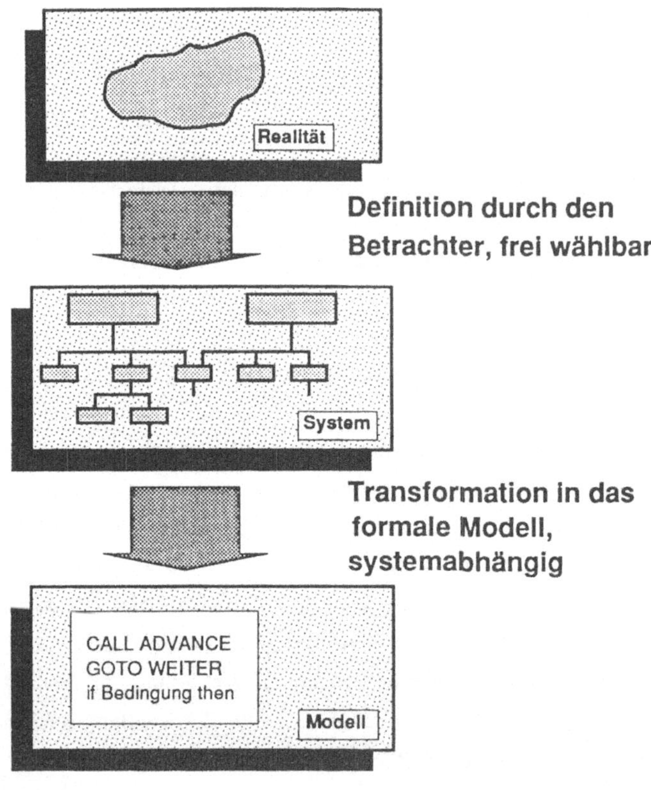

Bild 21: Von der Realität zum formalen Modell

Wesentlich für die Güte der formalen Modelle ist die vor der Modellbildung stattfindende Systemdefinition der Realität. Der Systembildungsprozeß wird meistens unbewußt vorgenommen und eine Realität in der Regel vom Betrachter mit einem System gleichgesetzt. Eine falsche Systemdefinition führt jedoch zwangsweise zu einem Modell, das für eine zielgerichtete Untersuchung von Phänomenen der Realität nicht geeignet ist. Vorraussetzung für eine Reproduzierbarkeit der Modellexperimente auf die Realität ist die strukturelle Genauigkeit des entwickelten Modells. Sie kann nur dadurch erreicht werden, daß alle Größen, die für die Reproduzierbarkeit der Modellergebnisse auf die Realität relevant sind, berücksichtigt werden. Der Modellbildungsprozeß, die Transformation eines Systems in ein formales Modell, ist nur sinnvoll, wenn schon die Systembildung zielorientiert erfolgt ist. Falls die durchgeführten Simulationsexperimente überraschende und wirklichkeitsfremde Ergebnisse liefern, dann beruhen diese sehr oft auf einer fehlerhaften oder nicht zielgerichteten Systembildung.

Vordergründiges Ziel einer jeden Simulation und Modellbildung scheint die möglichst genaue Abbildung der Realität im Modell zu sein. Je komplexer auf Grund der vorher stattfindenden Systemdefinition ein formales Modell jedoch werden kann, desto leichter können Fehler, die schon in der Systemstruktur bedingt sind, sich in der Modellstruktur, in den einzelnen Daten oder Funktionen des Simulationsmodells fortsetzen, wo sie wegen der Vielzahl der Verknüpfungen nur schwer lokalisierbar sind und manchmal völlig unentdeckt bleiben. Außerdem ist zu berücksichtigen, daß mit zunehmendem Detaillierungsgrad des erstellten Modells zwar das Verständnis über die Funktion einzelner Komponenten wächst, die Erkenntnis über Zusammenhänge jedoch verloren gehen kann.

Die Erstellung eines formalen Modells als Abstraktion einer Realität basiert auf den mathematischen Theorien der strukturellen Isomorphie und Homorphie. Diese Theorien sind sowohl für die Systembildung, die anschließende Transformation in ein formales Modell, als auch für die Experimentierphase und die damit verbundenen Fragen der Übertragbarkeit der gewonnenen Ergebnisse auf die Realität von zentraler Bedeutung. Sie sollen deshalb in den folgenden Abschnitten genauer erläutert werden [136].

Zwei Systeme $S_a = \{E_a, R_a\}$ und $S_b = \{E_b, R_b\}$ sind *isomorph*, wenn zwischen den Elementen von E_a und E_b eine eins:=eins Korrespondenz existiert oder hergestellt werden kann, und wenn die auf die Elemente E_a definierten Relationen R_a die gleiche Wirkung auf die Elemente von E_b haben. Die Elemente von R_a sind somit umkehrbar eindeutig den Elementen von E_b zugeordnet [157]. Aufgrund der Eigenschaften der Isomorphie kann ein zu einem System gehörendes isomorphes Modell als System, und das dazugehörige System als dessen Modell angesehen werden, und umgekehrt. Die Isomorphie zwischen einem konkreten System und einem Modell bedeutet jedoch nicht eine materielle Identität zwischen den beiden Strukturen, sondern es besteht nur eine strukturelle Äquivalenz zwischen beiden Systemen. Bei der richtigen Spezifizierung eines isomorphen Modells wäre die Ableitung exakter Vorhersagen des Verhaltens verschiedenster auch noch zu planender Systeme möglich.

Zwei Systeme $S_a = \{E_a, R_a\}$ und $S_b = \{E_b, R_b\}$ sind *homorph*, wenn es möglich ist, jedem Element von E_a eindeutig ein Element von E_b und jeder auf E_a definierten Relation R_a eine gleichgerichtete Relation in R_b zuzuordnen. Die umgekehrten Zuordnungen $E_b \rightarrow E_a$ und R_b sind nicht eindeutig. Originalsystem und homorphes Modell sind deshalb aus struktureller Sicht nicht austauschbar, wie im Falle der Isomorphie, wo auch, wenn keine körperliche Identität vorhanden ist, die strukturelle Identität erhalten bleibt. Die durch eine homorphe Abbildung geschaffenen Modelle sind weniger komplex als das Ursprungssystem und nicht so tief strukturiert.

Bei der homorphen Modellbildung werden zusätzliche Informationen benötigt, die festlegen, welche Elemente und Relationen des Systems für die Modellbildung erfaßt werden müssen. Die Komplexitätsreduktion bei Modellen, die durch eine homorphe Abbildung erzeugten werden, kann leicht dazu führen, daß wesentliche Eigenschaften des Originalsystems nicht berücksichtigt werden. Dennoch ist diese Abbildung einer isomorphen Transformation vorzuziehen, da sie die bei komplexen Systemen ablaufenden Prozesse von untergeordneten oder zufälligen Aspekten abstrahiert. Aussagen, die von homorphen Modellen gemacht werden können, sind übersichtlicher, da der zugrundegelegte Modellbildungsprozeß zu einer Konzentration auf das Wesentliche zwingt. Aussagen über das Verhalten komplexer Systeme werden somit transparent gemacht, die sonst in einer Flut redundanter Informationen verloren gehen könnten. Allerdings können die Ergebnisse des Modells nur dann auf die Realität übertragen werden, wenn die im homorphen Modell nicht berücksichtigten Prozesse des Realsystems keinen relevanten Einfluß auf die tatsächlich modellierten Prozesse haben. Die Realität und das Modell müssen deshalb auf jeden Fall ein Minimum an struktureller Isomorphie aufweisen, damit das Modell sämtliche wesentlichen Einflußfaktoren der Realität umfaßt und nicht nur eine Selektion willkürlicher Aspekte darstellt.

6.1.3 Die Erstellung formaler Modelle für Simulationsexperimente mit Hilfe von Konzepten der Systemtechnik

Je nach der Art des Systems, das sich ein Betrachter nach seinen Vorstellungen von der Realität gebildet hat, können für die anschließende Transformation in ein formales Modell drei unterschiedliche Systemkonzepte zugrundegelegt werden, die jeweils einen bestimmten Systemaspekt in den Vordergrund stellen oder als Absolut annehmen [127].

Ein System wird im *funktionalen Konzept* als eine Einheit betrachtet, deren innere Struktur nicht bekannt ist, und bei dem nur die Zusammenhänge beschrieben werden, die zwischen ihren inneren und äußeren Eigenschaften bestehen. Darunter werden vor allem seine Inputs (Eingangsgrößen) und die Outputs (Ausgangsgrößen) verstanden *(Bild 22)*. Mit Hilfe dieses Konzepts können auch sogenannte Zustandsgrößen dargestellt werden, wenn die Verfassung des Systems selbst beschrieben werden soll. Der funktionale Aspekt orientiert sich nicht an der tatsächlichen materiellen Existenz eines Systems, sondern analysiert sein Verhalten zur Umwelt oder anderen Systemen. Bei einer Systembetrachtung unter diesem Aspekt steht deshalb die Frage nach den Handlungen der Objekte im Vordergrund und nicht die nach den Objekten selbst.

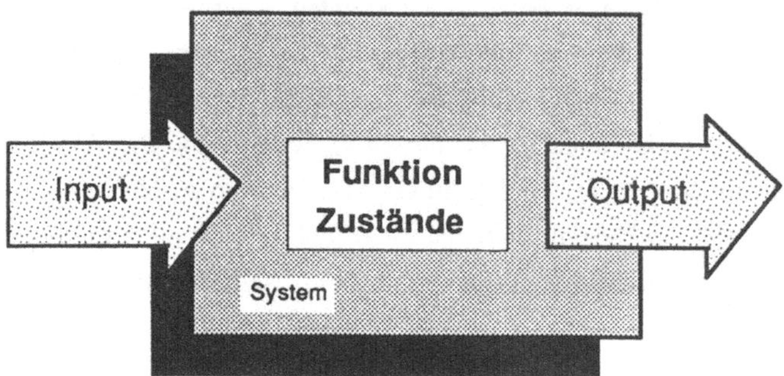

Bild 22: Funktionales Systemkonzept

Das *hierarchische Konzept* betrachtet die Elemente eines Systems wiederum als Systeme (Subsysteme) eines umfassenderen Systems oder Supersystems *(Bild 23)*. Ein Objekt wird als ein hierarchisch aus einzelnen Moduln aufgebautes System angesehen, wobei die jeweiligen Moduln wiederum als Ganzheit aus Teilen der nächstniedrigeren Stufe aufgebaut sind. Die Modellerstellung kann von unterschiedlichen Hierarchiestufen eines Systems ausgehen und für die jeweilige Struktur ein strukturisomorphes Modell erstellen. Man erhält durch schrittweise Verfeinerung ein immer genaueres Modell seines Untersuchungsobjekts.

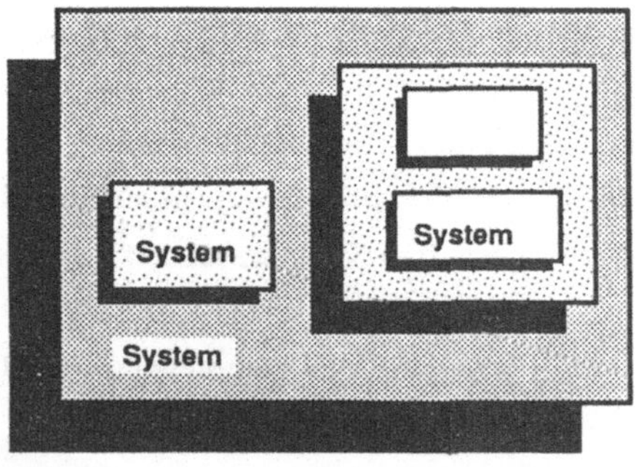

Bild 23: Hierarchisches Systemkonzept

Für einen Betrachter gut vorstellbar ist das *strukturale Konzept*. Es ist am Geläufigsten, weil es noch sehr mit der Vorstellung von materiellen Objekten verwandt ist *(Bild 24)*. Die Struktur eines Systems ist durch die Art seiner Elemente, bzw. Teilsysteme, und durch die Art der Relationen gegeben, die innerhalb oder zwischen den Elementen bestehen. Das strukturale Konzept, auf Simulationsmodelle angewandt, gibt den sogenannten *Elementen* und *Relationen* eines Systems eine neue Interpretation. Die Elemente sind dann die Funktionalbausteine des formalen Modells, und die Relationen stellen die Ereignisse dar, die zwischen ihnen ablaufen. Für eine Modellbildung, die auf diesem strukturalen Konzept basiert, ist es zweckmäßig, bestimmte Subsysteme als eine Art "Urelemente" zu betrachten, die man sinnvollerweise funktional betrachtet. Ausgehend von solchen Urelementen, deren jeweilige Zustände durch einen einfachen funktionalen Zusammenhang in ein Modell übergeführt werden können, können dann komplexe Modelle aufgebaut werden.

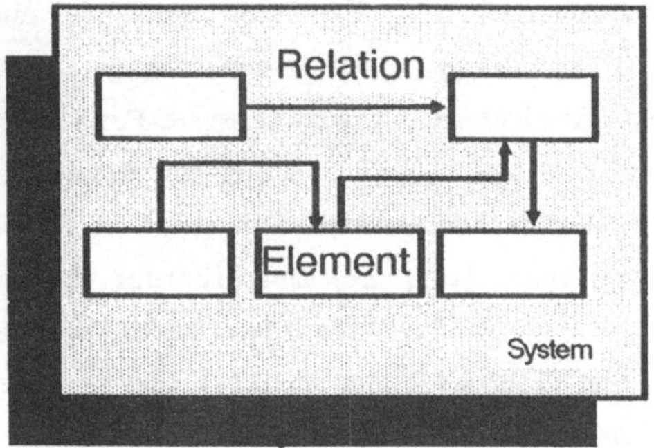

Bild 24: Strukturales Systemkonzept

Im Hinblick auf den gewählten Betrachtungsaspekt kann ein Modell eines realen Systems analog den systemtechnischen Gestaltungsmethoden der Riesenschrittmethode oder der Stückelmethode nach ROHPOHL [137,138] praktisch entworfen werden. Bei einer Modellierung nach der Riesenschrittmethode wird das vollständige System entsprechend dem durch das Konzept vorgegebenen Aufgabenkatalog entworfen, so daß man eine detaillierte Beschreibung des gesamten

Systems erhält. Die damit verbundenen Verfahren und Programme werden ausgearbeitet. Man realisiert dann das ganze Modell in der Weise, daß alle Bestandteile gleichzeitig in das Gesamtmodell integriert werden. Mit Hilfe der Stückelmethode werden einzelne Gruppen oder Teile des Modells der Anlage unabhängig voneinander entworfen, realisiert und jeweils für sich als Modell in Betrieb genommen. Das Modell, das sich hieraus ergibt, dürfte in den seltensten Fällen zu einer wirkungsvollen Gesamtheit werden, da wesentliche Relationen zwischen den einzelnen autonomen Teilmodellen verloren gehen können.

6.2 Rechnergestützte Simulation

6.2.1 Begriffserklärung

Die Methoden der rechnergestützten Simulation können als ein Instrument zur Untersuchung von realen oder geplanten Prozessen eingesetzt werden, die aufgrund ihrer Komplexität nicht mehr in geschlossener Form durch mathematische Modelle, sondern nur noch verbal, bzw. in Form von Ablaufplänen, beschrieben werden können [42]. Die rechnergestützte Simulation ist deshalb den heuristischen Methoden zuzurechnen [139]. Zur Durchführung von Simulationsexperimenten werden die für eine Untersuchung interessanten Eigenschaften des realen Systems in einem Modell nachgebildet und mit diesem Modell Experimente durchgeführt. Die am Modell gewonnenen Aussagen sollen dabei zu Erkenntnissen führen, die auch auf das reale System übertragbar sind.

Die Anwendung der Simulationstechnik als Hilfsmittel zur Bestimmung optimaler Lösungen unterscheidet sich grundlegend vom Einsatz analytischer Methoden. Das Ergebnis einer analytischen Optimierung stellt das Optimum aller zulässigen Parameterkombinationen dar, falls die Zielfunktionen und Randbedingungen analytisch beschreibbar und quantifizierbar sind. Im Gegensatz dazu stellt die Simulation im mathematischen Sinn kein eigenständiges Berechnungs- und Optimierungsverfahren dar [10,140]. Sie ist immer nur ein Hilfsmittel, das Experimente an einem vereinfachten Modell des realen Systems zuläßt. Erst die Durchführung mehrerer Experimente mit unterschiedlichen Eingabeparameterkombinationen läßt Tendenzen in Richtung auf ein Optimum erkennen. Durch eine iterative Vorgehensweise ist dann eine schrittweise Optimierung der erhaltenen Lösung möglich, die anschließend auf das Realsystem übertragen werden kann.

Als Modelle werden jene physikalischen oder formalen Gebilde bezeichnet, die eine mehr oder minder abstrakte Abbildung der zu untersuchenden Prozesse darstellen [141]. Diese lassen sich je nach dem Abstraktionsgrad in physikalische (gegenständliche), symbolische (abstrakte) und analoge Modelle oder Mischformen unterscheiden. Die abstrakten Modelle können wiederum in mathematische und sonstige Modelle eingeteilt werden. Für die Simulationsexperimente im Bereich der Planung und Steuerung flexibler Montagesysteme sind hauptsächlich die abstrakten mathematischen Modelle von Bedeutung *(Bild 25)*.

Je nach der Bedeutung des Zeitfaktors kann man zwei verschiedene Arten der abstrakten Simulationsmodelle klassifizieren:

1. Bei den *zeitunabhängigen* (statischen) Simulationsmodellen werden die im programmierten Modell abgebildeten Systemzustände als Ergebnisse des Einsetzens bestimmter Werte in ein in der Regel iteratives Optimierungsprogramm betrachtet. Die Anzahl der dazu notwendigen Werte bzw. Rechenschritte kann sehr große Werte annehmen. Diese Modelle werden hauptsächlich bei Verfahren zur Ermittlung kostengünstiger Distributionssysteme verwendet [87].

2. Bei den *zeitabhängigen* (dynamischen) Modellen ist der Zustand des Modells veränderlich und die im Modell abgebildeten Systemzustände entwickeln sich selbständig in einem simulierten Zeitablauf in Abhängigkeit von äußeren und inneren Einflußgrößen. Je nachdem ob der Zeitparameter t <u>kontinuierlich</u> (stetig) oder <u>diskret</u> (in Zeitintervallen) sich ändert, spricht man von kontinuierlichen oder diskreten Modellen. Die Abbildung kontinuierlicher Modelle in digitalen Rechenanlagen ist dadurch möglich, indem die zeitstetigen Para-

meter durch Betrachtung hinreichend kleiner Zeitintervalle diskretisiert werden. Solche diskretisierten dynamischen Modelle werden im besonderem Maß bei der Simulation von Materialflußsystemen eingesetzt.

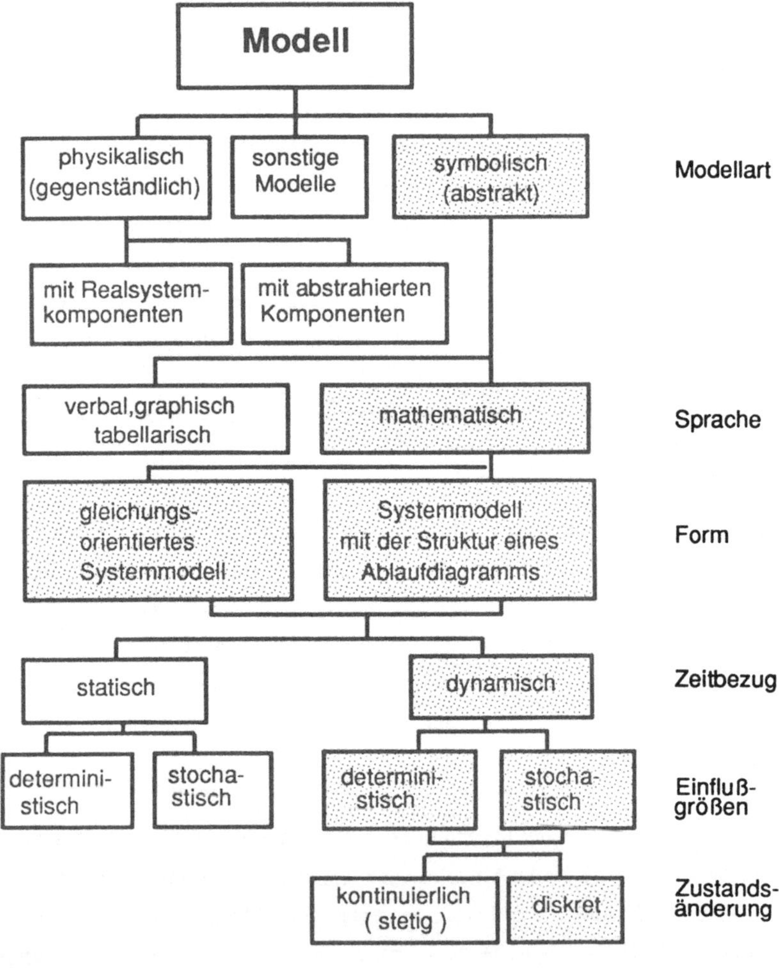

Bild 25: Klassifizierung der Simulationsmodelle und ihre Eignung zur Simulation flexibler Montagesysteme

6.2.2 Klassifizierung geeigneter Simulationssprachen

Der Begriff Simulationssprache soll sich im Rahmen dieser Arbeit auf Sprachen
zur Behandlung von diskreten, dynamischen Prozessen auf Computern beschränken. Grundsätzlich ist jede höhere Programmiersprache zur Beschreibung von
Simulationsmodellen geeignet [140]. Der Anwender unterliegt zwar bei dem Einsatz von höheren Programmiersprachen relativ wenig Restriktionen, jedoch wird
bei komplexeren Modellen der Programmieraufwand sehr hoch. Vor allem müssen immer wiederkehrende Zyklen und Probleme jedesmal neu codiert werden.
Aus diesen Gründen ist es naheliegend, spezielle, für die jeweilige Problematik
angepaßte Simulationssprachen einzusetzen. Es existieren für die verschiedensten
Anwendungsfälle eine sehr große Zahl unterschiedlichster Simulationssprachen
[142]. Um den Stand der Technik auf dem Gebiet der Simulationssprachen exakt
festzulegen, müßten die weltweit verfügbaren Hard- und Softwarepakete analysiert und miteinander verglichen werden. Eine solche umfassende Analyse liegt
jedoch bis heute noch nicht vor. Eine Übersicht über die gängigsten Sprachen ist
in [20,143,144] gegeben.

Moderne Simulatoren sind in der Regel in einer höheren Programmiersprache ge-
schrieben und ermöglichen den Aufbau diskreter, kontinuierlicher oder kombinierter Modelle. Dem Benutzer werden entweder spezielle Sprachelemente oder
eine Bibliothek von Unterprogrammen zur Verfügung gestellt, mit denen er sein
Modell erstellen kann. Für die Auswertung und Modellbildung stehen zusätzlich
Hilfsprogramme, z.B. für statistische Auswertungen, für die Modellierung von
Warteschlangen und für die Ergebnisausgabe zur Verfügung [15,39,145,146]
(Bild 26). Der im Gegensatz zu herkömmlichen, höheren Programmiersprachen,
verbesserte Bedienungskomfort dieser Simulationssprachen beeinhaltet jedoch eine Einschränkung in der Flexibilität bei der Anwendung. Jeder Simulationspra-
che liegt ein Konzept zugrunde, das nur für einen bestimmten Modelltyp optimal
angepaßt ist und das der Anwender bei seiner Modellerstellung berücksichtigen
muß. Die Schwierigkeit liegt darin, die Realität auf ein Modell abzubilden, das
der Simulationssprache angepaßt ist. Im Extremfall kann von dem Realsystem
kein passendes, für diese Simulationssprache geeignetes Modell, erstellt werden.

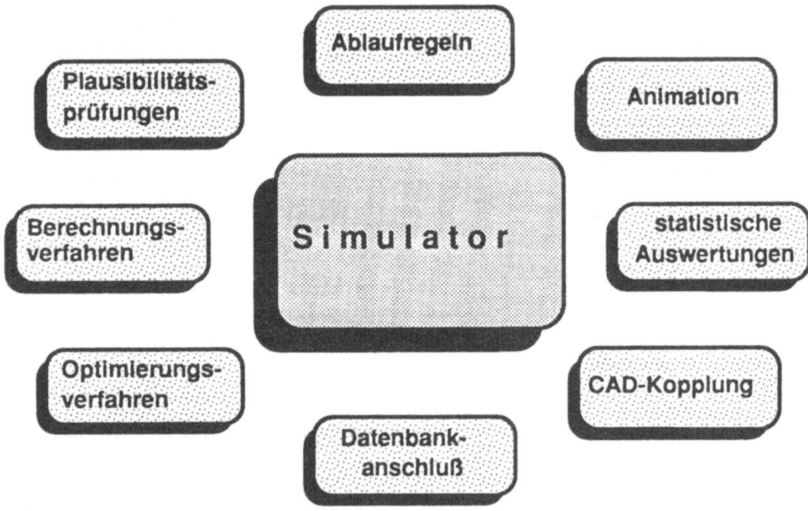

Bild 26: Elemente eines Simulators

Simulationssprachen können allgemein in anweisungsorientierte und blockorientierte Simulationssprachen unterteilt werden [11]. Die anweisungsorientierten Sprachen stehen im Aufbau und in der Funktion auf der gleichen Ebene wie die allgemeinen, problemorientierten, prozeduralen Sprachen PASCAL, FORTRAN etc. Sie stellen jedoch zusätzliche Sprachelemente für die Zeitablaufsteuerung, die Erzeugung von Zufallszahlen, die Verwendung von komplexen Datenstrukturen und für den Zugriff auf Dateien zur Verfügung. Der Benutzer muß wie bei höheren Programmiersprachen seine Modellelemente selbst formulieren und verknüpfen. Die Unterstützung dieser Sprachen ist bei komplexen Problemen relativ gering und der Programmieraufwand steigt sehr stark an.

Die blockorientierten Sprachen haben vorgefertigte, auf bestimmte Funktionen festgelegte Modellbausteine (Blöcke), aus denen der Anwender sein Modell direkt zusammenstellen kann. Diese Blöcke sind allgemein formuliert und beeinhalten Vorgänge und Funktionen, die immer wieder für bestimmte Simulationsmodelle benötigt werden [9]. Durch diese fertig vorformulierten Modellbausteine wird der Aufwand für die Modellerstellung und Programmierung stark reduziert. Außer der detaillierten Kenntnis der inneren Sprachstruktur sind bei der Verwendung blockorientierter Simulationssprachen nur geringe Programmierkenntnisse erforderlich. Der Nachteil besteht darin, daß ein Eingriff in diese vorgegebenen Bausteine nicht möglich ist, und häufig die Art und Anzahl der Blöcke nicht ausreicht, um ein Problem detailliert genug beschreiben zu können.

Den höchsten Bedienungskomfort bieten parametrisierte Simulationsmodelle, die für bestimmte Systemstrukturen fertige Modelle zur Verfügung stellen. Die interne Modellstruktur ist so ausgelegt, daß der Aufbau eines neuen Modells weitestgehend durch Eingabedaten festgelegt wird. Diese steuern, welche Systemelemente das System umfassen soll, und in welchen Beziehungen diese miteinander stehen. Der Vorteil solcher Systeme ist die hohe Benutzterfreundlichkeit, da Programmiervorgäge weitestgehend entfallen. Eine flexible Handhabung dieser Systeme für verschiedene Probleme ist allerdings nur möglich, wenn alle auftretenden Modellvariationen im Simulationssystem enthalten sind und durch Parametervariationen darstellbar sind.

Der Nachteil aller Simulationssprachen, die auf prozeduralen Codes aufbauen, liegt darin, daß sie nur eine sequentielle Abarbeitung der einmal erstellten Modelle zulassen. Dies setzt voraus, daß der Benutzter genaue Kenntnisse über die zu untersuchenden Prozesse haben muß, um reproduzierbare Modelle erstellen zu können. Eine Änderung der Modellstruktur ist nur durch eine Änderung des Codes und somit nur mit entsprechendem Programmieraufwand möglich.

Wissensbasierte Systeme, in denen neben dem abgelegten Sachwissen zusätzlich Problemlösungsmechanismen realisiert sind, und die neben Fakten- und Regelwissen auch Heuristiken und vages Wissen verarbeiten, erlauben es, aus vorgegebenen Daten selbständig Schlüsse zu ziehen. Mit der Erklärungskomponente können Expertensysteme an jeder Stelle des Lösungsprozesses darüber Auskunft geben, warum sie welche Hypothese gerade verfolgen. Die deskriptiven Möglichkeiten der Methoden der künstlichen Intelligenz eignen sich deshalb sehr gut für den Einsatz im Bereich der Simulation. Mit Hilfe von KI - Systemen lassen sich die Modellunterstützung, sowie eine automatische Optimierung von Parametern oder eine Auswertungsunterstützung realisieren [41]. Informationen können in die Simulationsumgebung eingebracht, ausgewertet und weiterverarbeitet werden, ohne daß bei grundlegenden Modifikationen der komplette Code des Modells geändert werden muß.

6.2.3 Der Einsatz der Simulationstechnik als Planungsinstrument

Durch eine robotergerechte Organisation des Montageprozesses können bereits bis zu 50% der möglichen Rationalisierungseffekte im Montagebereich erzielt werden [147]. Deshalb ist zu erwarten, daß durch geeignete organisatorische Maßnahmen eine weitere Produktivitätssteigerung erfolgen kann. Der Einsatz der Simulationstechnik als Planungswerkzeug auf der Anlagenebene dient dazu, das zeitliche und kapazitive Verhalten eines flexiblen Montagesystems in einem Rechner nachzubilden. Mit Hilfe dieses Modells können dann Parametervariationen durchgeführt werden, die an Hand vorgegebener Zielparameter eine aus der Sicht der Montageaufgabe optimale Systemkonfiguration der Anlage und der Montageabläufe bestimmen lassen. Als Ergebnis eines Simulationslaufs erhält der Planer eine Reihe von Kennzahlen, mit deren Hilfe eine umfassende Beurteilung der vorgegeben Alternativen ermöglicht wird.

Die Grundvoraussetzung für eine erfolgreiche Simulation ist ein strukturiertes Modell, dessen Elemente und (Sub)-Systeme in geeigneter Weise ein abstrahiertes Abbild der Realität darstellen. Aufgrund der Komplexität der Prozesse, die in flexibel automatisierten Montagesystemen ablaufen, kann eine vollständige Abbildung einer kompletten Anlage in einem mathematischen Modell nicht erzielt werden. Deshalb ist es notwendig, sich bei der Modellerstellung auf ein hinreichend genaues Abbild der Realität zu beschränken, das alle für die Zielerfüllung notwendigen Einflußgrößen berücksichtigt. Die Bildung des Simulationsmodells eines Montagesystems wird erleichtert, wenn eine modulare Ablaufstruktur des aufgestellten formalen Modells eingehalten wird. Diese kann dann leicht in eine Simulationssprache übertragen werden. Dabei sind neben den Möglichkeiten und Grenzen, die durch die Technik und Organisationsstruktur der untersuchten Anlage vorgegebenen sind, auch die Darstellbarkeit der einzelnen Komponenten in der entsprechenden Simulationssprache zu berücksichtigen.

Die Vorteile, die der Einsatz von Simulationsverfahren als Planungshilfsmittel im Bereich der flexiblen Montage bietet, sind sehr vielfältig. Der Zeitbedarf für ein Simulationsexperiment ist erheblich geringer als ein Realexperiment an einem ausgeführten System. Der Zeitbedarf der nötig wäre, um das Verhalten eines Montagesystem so zu analysieren, damit die gewonnenen Daten zur Entwicklung von Steuerungsstrategien benutzt werden können, würde mehrere Tage betragen. Komplexe Zusammenhänge werden durch eine Reduktion und Abstraktion transparenter und so erst für den Planer durchschaubar. Durch Probeläufe mit Hilfe von Simulationsmodellen können Planungsfehler erkannt und rasch korrigiert werden. Das Geld für teure Pilotanlagen kann eingespart werden. Außerdem ist es möglich, auch Varianten und Kombinationen zu testen, die im Moment unausführbar erscheinen, sowie Sensitivitätsanalysen durchzuführen.

Durch eine simulationsgerechte Planung eines Montagesystems wird nicht nur die Modellierung der geplanten Anlage im Rechner vereinfacht, sondern es werden auf Grund der klaren Strukturierung der Aufgabe organisatorische Schwachstellen vermieden. Unter dem Simulationsaspekt geplante Montagesysteme weisen deshalb in der Regel von Haus aus eine höhere Leistungsfähigkeit auf, weil wegen den bei der Modellbildung einzuhaltenden systemanalytischen Regeln, Schwachstellen der Anlage schon in einem frühen Stadium der Planungsphase erkannt werden.

Es gibt allerdings auch eine Reihe von Kriterien, die gegen eine unbeschränkte Anwendung der Simulationstechnik als Planungshilfsmittel auf Anlagenebene sprechen. Es ist schwierig, die in einer realen Anlage ablaufenden komplexen Prozesse so weit zu abstrahieren und zu reduzieren, daß sie in einem mathematisches Modell abgebildet werden können. Die Abbildung kompletter Anlagen auf ein Modell wird deshalb immer unvollständig sein. Es besteht immer die Gefahr, daß relevante Parameter, die für reproduzierbare Ergebnissse wesentlich sind, nicht berücksichtigt werden. Die Datenerfassung für die Modellbildung bereitet meist sehr große Schwierigkeiten. Sie ist häufig ungenau und verursacht mit zunehmenden Genauigkeitsgrad steigende Kosten. Bei der für eine Simulationsuntersuchung notwendigen Abgrenzung eines Teilsystems vom Gesamtsystem treten Schnittstellenprobleme auf, die bei einer ungeschickten Wahl der Systemgrenzen zu sehr aufwendigen Modellen führen können. Der Zeitbedarf zur Durchführung von Simulationsstudien, steigt auch für qualifiziertes Personal überproportional mit der Größe und Komplexität der Modelle. Da typischerweise komplexe Probleme mit Hilfe der Simulation untersucht werden sollen, können die gefundenen Modellergebnisse von denen der Praxis weit abweichen, so daß sie nicht ohne kritische Überprüfung in die Realität übernommen werden sollten. Dies gilt vor allem, wenn der Planer mit der Methode wenig Übung hat.

6.2.4   Die Vorgehensweise bei der Modellbildung und Simulation

Die Arbeitsschritte, die zur Durchführung einer Simulationsstudie notwendig sind, können in einzelne Phasen gegliedert werden, die sequentiell durchlaufen werden müssen. Zwischen den einzelnen Phasen können auch iterative Zyklen bestehen, die aufgabenspezifisch mehrfach durchlaufen werden können [12,-139,148]. Die nachfolgend beschriebenen Gliederungen der notwendigen Arbeitschritte können deshalb für einen Planer nur Empfehlungen darstellen, denn die Simulationstechnik als heuristisches Problemlösungsverfahren läßt sich nur bedingt in ein allgemeines Arbeitsschema drängen. Im konkreten Einzelfall wird es unerläßlich sein, in Anlehnung an eine allgemein beschriebene Verfahrensweise, sich daraus eine eigene Arbeitsmethodik abzuleiten. Zur Durchführung von Simulationsstudien im Bereich flexibler Montagesysteme kann man eine Vorgehensweise heranziehen, die analog der in [12] beschriebenen Methodik, die dafür notwendigen Arbeitsschritte in fünf Phasen gliedert *(Bild 27)*.

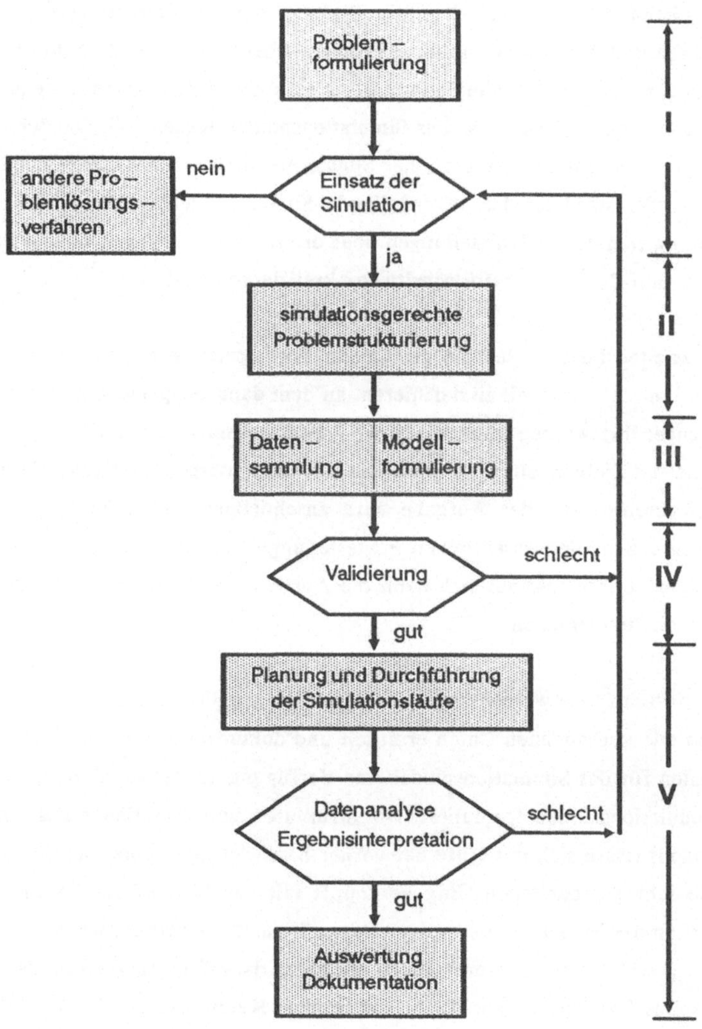

Bild 27: Ablaufschema einer Simulationsstudie in Anlehnung an [12].

Die Arbeitschritte der ersten Phase, die am Beginn einer Simulationsstudie
dürchgeführt werden dienen dazu, die zu lösenden Probleme verbal zu beschrei
ben. Der Planer sollte an dieser Stelle seine Zielvorstellungen beschreiben, gliedern und konkretisieren, und soweit es möglich ist, quantifizieren. Aufbauend
darauf, kann dann grundsätzlich die Eignung der Simulationstechnik als Lö-
sungshilfsmittel für das formulierte Problem überprüft werden. Fällt die Ent-
scheidung zugunsten der Simulation, ist es sinnvoll, einen Anforderungskatalog
aufzustellen, der festlegt, was das Simulationsmodell leisten soll. Die Schwierigkeit liegt darin, daß am Beginn einer Simulationsstudie in der Regel noch nicht
alle Anforderungen an das zu erstellende Simulationsmodell festgelegt werden
können, da sich die Zielvorstellungen über die zu lösenden Probleme erst im weiteren Verlauf des Planungsfortschritts konkretisieren.

In der zweiten Phase sollen die geeigneten Voraussetzungen geschaffen werden,
um ein Simulationsmodell zu definieren, an dem dann die geeigneten Experimente durchgeführt werden können. Dazu ist es notwendig, die in der ersten Phase
formulierten Zielvorstellungen unter dem Simulationsaspekt zu strukturieren. Die
Problembeschreibung der Aufgabe wird anschließend weiter konkretisiert und
eine Abgrenzung der wesentlichen Fragestellungen von unwichtigen Details vorgenommen. Daran schließt sich dann die Auswahl des für diese Problemstellung
geeigneten Simulators an.

In der dritten Phase werden zwei Arbeitsschritte parallel durchgeführt. Einerseits
werden alle vorhandenen Daten ermittelt und dokumentiert, damit diese als Eingabedaten für das Simulationsmodell zur Verfügung zu stehen, andererseits wird
das Simulationsmodell formuliert. Die Strukturen und Funktionen des Simulationsmodells lassen sich mit Hilfe der vorher beschriebenen Konzepte der Systemtheorie sehr gut darstellen. Eng verknüpft mit der Modellformulierung ist die
Codierung des Modells in der ausgewählten Simulationssprache, wobei die Struktur der gewählten Simulationssprache nur einen darauf angepaßten Modellaufbau
zuläßt. Das Problem besteht darin, daß genaue Kenntnisse der inneren Strukturen des abzubildenden Systems am Anfang kaum vorhanden sind und diese erst
allmählich, durch die Arbeit mit dem Simulationsmodell, transparent werden.

Die Beschreibung des Simulationsmodells erfolgt durch seine Ablaufstrukturen, die Beziehungen zwischen den Elementen und deren logischer Abfolge. Dabei repräsentieren sich die einzelnen Elemente des Modells materiell in Form von Montagezellen, Transportsystemen, Aufträgen u.s.w. Bei den Ablaufstrukturen lassen sich außer strukturbezogenen Beziehungen zwischen den Elementen des Modells noch dynamische Wirkbeziehungen, wie z.B. Energie, verbrauchende Materialien, Information u.s.w., unterscheiden. Die Arbeitsabläufe in einem Montagesystem können als ein Zusammenwirken dieser Aktionseinheiten nach vorgegebenen Regeln definiert werden, die auf eine spezifische Zielsetzung ausgerichtet sind. Diese Regeln können einerseits Verfahrensregeln sein, die den Arbeitsablauf bestimmen, wie sie durch die Arbeitssteuerung eines Montagesystems festgelegt werden, oder sie können Sollvorgaben sein, wie sie beispielsweise ein Planungssystem vorschreibt [149]. Ein derartig beschriebenes Modell kann anschließend mit geringem Aufwand in ein ablauffähiges Simulationsmodell umgesetzt werden, da die Sprachelemente der Modellbeschreibung bereits an die Simulationssprache angepaßt sind.

In der vierten Phase erfolgt die Validierung des erstellten Simulationsmodells. An dieser Stelle wird die Übereinstimmung des formalen Modells mit dem zugrundeliegenden System überprüft. Angestrebt wird eine möglichst gute strukturelle Übereinstimmung von Realität und Modell. Mit Hilfe eindeutig definierter Abbildungsgesetze ist es dann möglich, die am Modell in den Simulationsläufen gewonnenen Ergebnisse, möglichst genau auf das ursprüngliche System zu übertragen. Die Vorgehensweise bei der Validierung des Modells besteht hauptsächlich darin, daß man für Konstellationen aus der Vergangenheit mit Hilfe von Simulationsexperimenten Lösungen ermittelt und diese mit den tatsächlich eingetretenen Ergebnissen vergleicht.

In der fünften Phase erfolgt die eigentliche Durchführung der Experimente mit Hilfe des Simulationsmodells. Es ist nicht sinnvoll, Simulationsläufe mit allen theoretisch möglichen Parametervarianten der Eingabedaten durchzuführen, da Simulationsmodelle von flexiblen Montagesystemen eine große Zahl voneinander unabhängiger Eingabeparameter besitzen und deshalb die Anzahl der möglichen

Simulationsläufe sehr hoch ist. Aus diesem Grund müssen die einzelnen Simulationsläufe gezielt geplant und durchgeführt werden. Der Einsatz von Optimierungsstrategien kann dabei die Auswahl der Experimente unterstützen.

Die einfache Durchführung von Simulationsstudien auf Computern kann dazu verleiten, Modellergebnisse unkritisch zu akzeptieren. Die exakten Zahlen von Computerberechnungen verschleiern für einen Betrachter die Tatsache, daß es Hypothesen sind, die die Modelle prägen und die dafür verantwortlich sind, ob die gewonenen Ergebnisse mit der Realität übereinstimmen oder nicht. Es kann deshalb für Simulationsfachleute eine gewisse Versuchung bestehen, durch Hinweise auf die exakten Zahlen der Berechnungen die Computergläubigkeit potentieller Anwender auszunutzen, um mögliche Kritiken aus dem Weg zu räumen [150]. Wegen des Hypothesencharakters der Modelle sollte auf jeden Fall im Verlauf der Simulationsstudie eine Überprüfung des zugrundelegenden Modells vorgenommen werden. Durch ein un- oder unterbewußtes Festhalten am einmal gewählten Modellkonzept könnten sonst Modellentscheidungen auf die Realität übertragen werden, die nicht unbedingt ein Optimum bedeuten.

Die vorgestellte fünf Schritte Methode ist zur Durchführung von Simulationsstudien im Bereich der flexiblen Montage für viele Anwendungsfälle geeignet. Sie wird sich jedoch nicht immer ohne Modifikation anwenden lassen. Der Planer sollte vermeiden, sich das Festhalten an einer Methodik in ein zu enges Schema pressen zu lassen. In diesem Fall könnte Kreativität und Sponanität verloren gehen und der gegenteilige Effekt erzielt werden. Es wird immer erforderlich sein, für den konkreten Einzelfall diese Richtlinien anzupassen und gegebenenfalls abzuändern, und die einzelnen Verfahrensschritte im Sinne einer Iteration zur sukzessiven Verbesserung des erstellten Simulationsmodells mehrfach zu durchlaufen.

7. Simulationsmodell eines flexiblen Montagesystems

7.1 Die Struktur des Simulators GPSS-F

Das Hauptziel der Planung auf der Anlagenebene im Bereich flexibler Montagesysteme liegt in der Untersuchung des kapazitiven und zeitlichen Verhaltens einer kompletten Anlage. Diese Probleme können durch Simulationsstudien an
Modellen untersucht werden, die das Zusammenwirken der einzelnen Elemente
betrachten, aus denen eine solche Anlage aufgebaut ist. Die Anforderungen, die
an ein Simulationsmodell auf Anlagenebene gestellt werden, ergeben sich aus der
Struktur der zugrundeliegenden realen Systeme und aus den Zielen der Planung.
Für die Simulation von flexiblen Montagesystemen lassen sich die darin ablaufenden Prozesse als diskrete mathematische Modelle mit Hilfe von graphentheoretischen Verfahren oder durch Warteschlangenmodelle darstellen. Diese Modelle
können dann mit Hilfe einer geeigneten Simulationssprache in ein ablauffähiges
Simulationsmodell umgesetzt werden. Eine dafür vorgesehene Simulationssprache
muß in der Lage sein, solche Modelle richtig und komplett abzubilden.

Die Steuerungsstrategien, die zur Beschreibung der Abläufe in flexiblen Montagesystemen notwendig sind, sind in der Regel komplex und nicht durch standar-
disierte Bausteine darstellbar. Aus diesen Gründen muß es möglich sein, eigene
Ablaufstrukturen in das eingesetzte Simulationssystem einbinden zu können, die
manuell oder durch externe Optimierungsprogramme bestimmt werden können.
Es ist heute Stand der Technik, bei der Planung von Anlagen CAD-Systeme einzusetzen. Durch ein geeignetes Analyseprogramm sollte es möglich sein, aus den
vorhandenen Bildinformationen die für einen Simulationslauf relevanten Daten
zu extrahieren. Die Daten zur Beschreibung des Simulationsmodells und die Parameter für einen Simulationslauf sollen auf diese Weise zum größten Teil schon
automatisch bei der Konstruktion am CAD-System erzeugt werden. Fehlende
Werte, die nicht aus dem Layout gewonnen werden können, wie beispielsweise
die Auftragszeiten, sollen dann interaktiv mit Hilfe von Masken eingegeben
werden können, ohne daß das CAD-System verlassen werden muß.

Aufgrund dieser Vorgaben wurde als Basis für die Implementierung des ablauffähigen Simulationsmodells eines flexiblen Montagesystems der Simulator GPSS-F III herangezogen. Dieser Simulator eignet sich zur Simulation diskreter, kontinuierlicher und auch kombinierter Modelle. Er unterstützt besonders die Untersuchung von Netzwerken und Warteschlangensystemen. Aus diesen Gründen ist er für die Erstellung von Simulationsmodellen zur Analyse des kapazitiven und zeitlichen Verhaltens von flexiblen Montagesystemen sehr gut geeignet, da die bei solchen Anlagen auftretenden komplexen Problemstellungen mit Hilfen von graphentheoretischen Verfahren oder Warteschlangenmodellen sehr gut beschrieben werden können. Für spezielle Anwendungen existieren bereits parametrisierte Simulationsmodelle, die auf dem Simulationspaket GPSS-F III aufbauen und die solche Verfahren in den Simulator integrieren [96,146,151].

Der Simulator GPSS-F III besteht aus einer Bibliothek von Unterprogrammen, mit denen der Benutzer sein Modell erstellen kann [152]. Da dem Anwender dieses Simulationspakets der Quellcode des Programms zur Verfügung steht, besteht die Möglichkeit, eigene Routinen hinzuzufügen und den Simulator für seine eigenen Belange zu erweitern oder zu modifizieren. Dies setzt allerdings voraus, daß der Benutzer die Programmiersprache, die dem Simulationspaket zugrundeliegt, sehr gut beherrscht. Entscheidend für die Mächtigkeit eines Simulationspakets, wie GPSS-F, ist vor allem die Leistungsfähigkeit und die Ausdrucksfähigkeit seiner Sprachkonstrukte. Die Implementierung des Simulationspakets in einer bestimmten höheren Programmiersprache, in diesem Fall FORTRAN 77, ist dann nur noch von untergeordneter Bedeutung. Es ist durchaus möglich, den Simulator GPSS-F auch in anderen höheren Programmiersprachen zu implementieren, oder mit anderen Sprachen und Softwarepaketen zu kombinieren [153].

Die ereignisorientierte Simulation von Prozessen wird von GPSS-F III durch die Bearbeitung von zeitabhängigen und bedingten Ereignissen unterstützt. Bei zeitabhängigen Ereignissen ändert eine Zustandsvariable des Modells zu einem bestimmten Zeitpunkt ihren Wert. Bei bedingten Ereignissen erfolgt die Änderung des Wertes, wenn ein beliebiger komplexer prädikatlogischer Ausdruck den Wert TRUE annimmt. Außerdem kann mit GPSS-F III die konfliktfreie Bearbeitung gleichzeitiger Aktivitäten erfolgen, die bei sequentiellen Programmiersprachen von Haus aus nicht möglich ist. Durch ein geeignetes Auswahlverfahren wird entschieden, was in einem solchen Fall geschehen soll [154]. GPSS-F III erlaubt außerdem die Behandlung kombinierter Modelle, die Teilkomponenten aus diskreten und kontinuierlichen Elementen enthalten können.

GPSS-F III besteht aus einem Hauptprogramm (Rahmen), von dem die zahlreichen Unterprogramme aufgerufen werden. Diese sind zunächst Systemunterprogramme, die festgelegte Funktionen übernehmen und in der Regel vom Benutzer nicht geändert werden. Daneben existieren Benutzerprogramme, die die Beschreibung des Modells in Form der auszuführenden Zusatandsübergänge enthalten. Das Hauptprogramm besteht aus den drei Teilen, Initialisierung des Simulationslaufs, Aufruf der Ablaufkontrolle FLOWC und Endabrechnung *(Bild 28)*. Die Initialisierung dient zur Vereinbarung der Datentypen und zur Vorbesetzung von Feldern und Anfangsbedingungen. Die Ausführung und Steuerung des eigentlichen Simulationslaufs wird dann von der Ablaufkontrolle übernommen, die den zentralen Teil des Simulators darstellt.

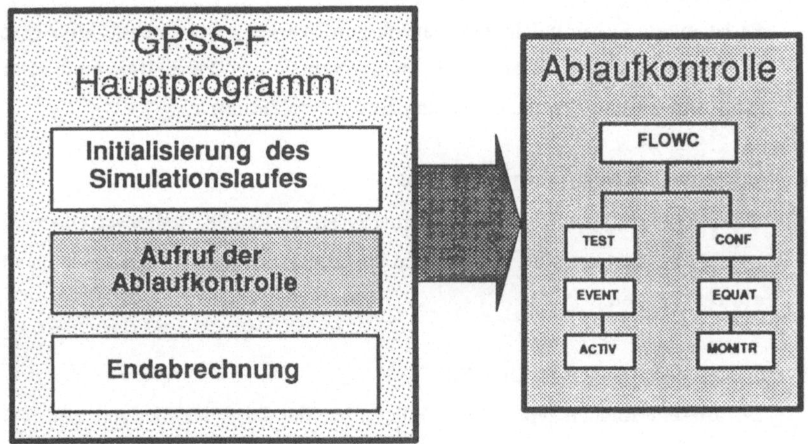

Bild 28: Der Aufbau des Simulators GPSS-F III

Die Endabrechnung wird am Ende des Simulationslaufs einmal durchlaufen und dient zur Berechnung von statistischen Größen und zur Ausgabe der Ergebnisse. Das Programmpaket besitzt dazu ein umfangreiches, integriertes Statistikprogramm zur Auswertung der Ergebnisse. GPSS-F III benutzt ein Verfahren zur Berechnung von Konfidenzintervallen und zur Bestimmung der Einschwingphase, dem die autoregressive Methode zugrunde liegt [154]. GPSS-F III ist besonders zur Abbildung von Warteschlangen geeignet. In Anlehnung an die Struktur von GPSS stehen spezielle Module zur Warteschlangenbearbeitung, der Speicherverwaltung und zur Auftragskoordinierung zur Verfügung [156]. Für die Abarbeitung der Aufträge in einer Warteschlange unterstützt das Programmpaket GPSS-F III folgende Strategien:

* POLICY

  Für jede Warteschlange kann durch eine eigene, genau dieser Warteschlange zugeordnete Strategie, die Bearbeitungsreihenfolge festgelegt werden. Weiterhin ist neben der statischen Prioritätenvergabe eine dynamische Vergabe von Prioritäten möglich.

* UMRÜSTZEIT BEI VERDRÄNGUNG

  Es ist möglich, die bei jedem Verdrängungsvorgang auftretende Umrüstzeit zu berücksichtigen. Diese kann im Verhältnis zur Bearbeitungszeit relativ groß sein und bei Vernachlässigung zu Fehlern führen.

* MEHRFACHBEDIENSTATIONEN

  Diese Stationstypen bestehen aus mehreren einfachen Bedienstationen, die parallel angeordnet sind und die alle auf eine gemeinsame Warteschlange zugreifen können.

* ADRESSIERBARE SPEICHER

  Bei diesem Elementtyp ist es möglich, bei der Speicherbelegung und Speicherfreigabe die Lageradressen anzugeben, über die mit Hilfe von Listen Buch geführt wird. Dieser wichtige Stationstyp ist vor allem zur Abbildung von Einlagerungsstrategien geeignet.

Der zentrale Teil des Simulators GPSS-F III ist die Ablaufkontrolle FLOWC, deren Steuerung über 6 verkettete Listen erfolgt. Die Aufgabe der Ablaufkontrolle besteht darin, die Zustandsänderungen des Modells in der richtigen Reihenfolge durchzuführen *(Bild 29)*.

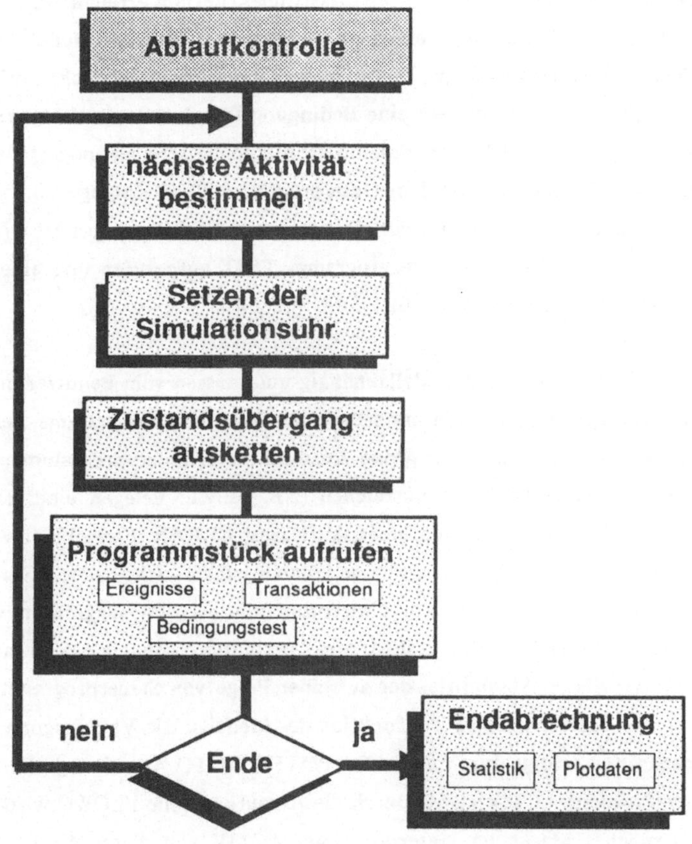

Bild 29: Die Aufgabe der Ablaufkontrolle FLOWC

Das Unterprogramm FLOWC wird zur Bearbeitung des ersten Zustandsübergangs betreten und erst nach Ausführung des letzten Zustandsübergangs wieder verlassen. Die Ablaufkontrolle verfügt über eine entsprechende Liste, die angibt, welches Programmstück zu welcher Zeit aufgerufen werden soll. Nach der Durchführung eines Zustandsübergangs wird zum Beginn der Ablaufkontrolle zurückgekehrt. Dort wird der nächste Zustandsübergang herausgesucht und dessen Bearbeitung veranlaßt. Diese Schleife wird so lange durchlaufen, bis alle Zustandsübergänge bearbeitet worden sind und das Endekriterium erreicht ist. In diesem Fall wird zur Endabrechnung verzweigt. In einem komplexen Modell, wie das eines flexiblen Montagesystems, ist es in der Regel nicht möglich, vorher den Zeitpunkt zu bestimmen, an dem eine Bedingung für eine Zustandsänderung erfüllt wird. In GPSS-F III kann deshalb eine automatische Bedingungsüberprüfung zu einem Zeitpunkt t von dem Unterprogramm TEST durchgeführt werden, indem vom Benutzer im Modell der Testindikator TTEST = t gesetzt wird. Dadurch wird von FLOWC das Unterprogramm TEST aufgerufen und eine Überprüfung der Bedingungen veranlaßt.

Die Zustandsübergänge sind modellabhängig und müssen vom Benutzer mit Hilfe der zur Verfügung stehenden modellspezifischen Steuerprogramme festgelegt werden. GPSS-F III besitzt eine große Auswahl dieser Steuerprogramme, die für die meisten Problemstellungen ausreichen (z.B. SEIZE: Belegen einer Bearbeitungsstation; WORK: Bearbeiten eines Auftrages; CLEAN: Freigabe einer Bearbeitungsstation). Diese Steuerprogramme können jedoch nicht beliebig verschachtelt werden, sondern nur in dem Unterprogramm ACTIV aufgerufen werden. Die Prozedur ACTIV besteht deshalb aus Abschnitten, die mit einer Marke beginnen. Jeder dieser Abschnitte, der aus einer Folge von Steuerprogrammen bestehen kann, übernimmt eine Teilfunktion des Modells. Die Verzweigung zu diesen Abschnitten erfolgt durch eine COMPUTED GOTO Anweisung, die am Beginn der Prozedur ACTIV steht. Durch die Ablaufkontrolle FLOWC wird festgelegt, zu welcher Marke im Unterprogramm ACTIV von dieser Anweisung aus gesprungen werden muß. Abhängig vom Systemzustand erfolgt dann an verschiedenen Stellen der Rücksprung aus ACTIV. Dieser ist somit allein anhand des Programmcodes nicht zu erkennen. Anschließend wird durch FLOWC der nächste Abschnitt bestimmt, ACTIV erneut aufgerufen, und nach dem eben beschriebenen Verfahren, der entprechende Abschnitt von Aktiv bearbeitet.

Bei der strukturierten Programmierung eines Modells würden, die in ACTIV als Abschnitte definierten Zustandsübergänge, in Form von Prozeduren realisiert werden. Diese Prozeduren könnten dann die entsprechenden GPSS-F III Systemroutinen aufrufen. Dies ist allerdings in GPSS-F III nicht so ohne weiteres möglich. Fast alle Systemroutinen sind so aufgebaut, daß sie in bestimmten Situationen mit Hilfe einer Rücksprungadresse an eine definierte Stelle des aufrufenden Programms zurückspringen, von wo eine Rückkehr zur Ablaufkontrolle FLOWC erfolgen kann. Die GPSS-F III Systemroutinen können also nicht in einem beliebigen Unterprogramm aufgerufen werden, sondern immer nur in ACTIV. Die Struktur von GPSS-F III ist deshalb durch die Verwendung vieler Sprungbefehle geprägt, die eine modulare oder strukturierte Programmierung erschweren und komplexe Modelle unübersichtlich erscheinen lassen. Aus diesem Grund wurden die Systemroutinen von GPSS-F III modifiziert, um den Aufbau komplexer Modelle mit Hilfe einer strukturierten Programmierung zu erleichtern.

7.2. Der Leistungsumfang des Modells

Basierend auf den im Kapitel 3 erarbeiteten Anforderungen und den in Kapitel 4 und 5 entwickelten Verfahren zur automatischen Bestimmung der Steuerungsstrategien für nicht taktgebundene Transportsysteme, die in flexiblen Montagesystemen eingesetzt werden können, wurde das integrierte Simulationssystem MONSIM (MONtage SIMulationssystem) entwickelt. Das realisierte Simulatonssystem MONSIM ermöglicht die Untersuchung des zeitlichen und kapazitiven Verhaltens von flexibel automatisierten Montagesystemen. Es eignet sich sehr gut zur Unterstützung von Planungsproblemen auf der Anlagenebene und ist deshalb in ein handelsübliches CAD-System integriert.

Dieses Simulationssystem ist in erster Linie für die Simulation von Anlagen konzipiert, bei denen ortsfeste Montagestationen durch spurgebundene fahrerlose Flurfördersysteme materialflußtechnisch verknüpft sind. MONSIM läßt dazu eine beliebige Anzahl von Auftragsarten, Stationen und Flurförderfahrzeugen, sowie eine beliebige Größe von Pufferlagern zu [158]. MONSIM ist als parametrisiertes

Modell aber so allgemeingültig formuliert, daß es auch für Problemstellungen aus dem Teilefertigungsbereich verwendet werden kann. Durch einen modularen Aufbau ist das Simulationssystem so konzipiert, daß die bei einigen Problemstellungen notwendige Neudefinition und -programmierung des Simulationsmodells einfach durchgeführt werden kann. MONSIM ist modular aufgebaut und besteht aus den Moduln *Analyseprogramm*, *Benutzerinterface*, *Optimierungsprogramm*, *Modellprogramm* und *Auswerteprogramm (Bild 30)*.

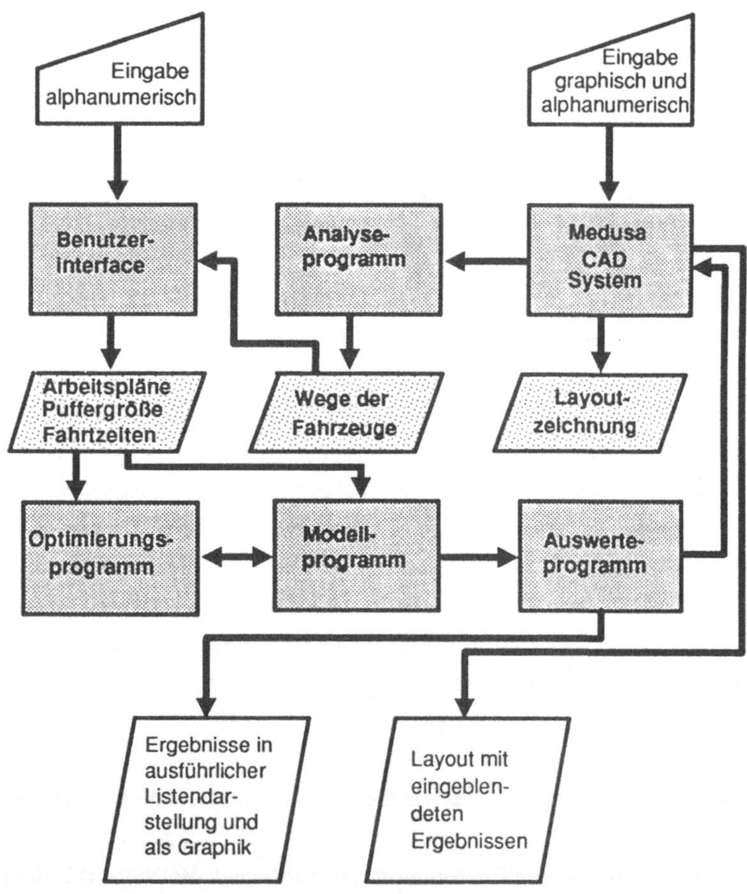

Bild 30: Zusammenwirken der einzelnen Module von MONSIM

Der in MONSIM eingesetzte 2D-Teil des CAD-Systems *Medusa* eignet sich sehr gut für die Erstellung von Anlagenlayouts und ist für die Planungsaufgaben auf dieser Abstraktionsebene völlig ausreichend. Bei der Konstruktion eines Anlagenlayouts mit *Medusa* werden die für ein Simualtionsexperiment benötigten graphischen Daten des Layouts automatisch mit Hilfe des im Hintergrund ablaufenden Analyseprogramms aus der Zeichnung extrahiert und abspeichert. Zur Konfiguration seines Simulationsmodells braucht der Planer einer Montageanlage deshalb keine spezielle Beschreibungssprache des Simulationssystems zu benutzen, sondern kann das Anlagenlayout am CAD-System mit Hilfe seiner gewohnten Vorgehensweise erstellen. Die für das Analyseprogramm notwendigen Befehle sind für diesen Zweck den normalen Menübefehlen des CAD-Systems hinterlegt. Beispielsweise wird durch das Analyseprogramm aus dem Layout die Geometrie extrahiert, die den Weg der Flurförderfahrzeuge zwischen den Stationen der Montageanlage beschreibt.

Das Benutzerinterface berechnet aus der Geschwindigkeit der Fahrzeuge und dem Weg zwischen den Montagestationen, der vom Analyseprogramm aus dem Layout extrahiert wurde, die Zeiten, die die fahrerlosen Transportsysteme für eine Fahrt zwischen zwei Montagestationen benötigen, und stellt die Ergebnisse als Inputdaten für das Simulationsmodell zur Verfügung [159]. Die Auftragsreihenfolge und die Arbeitspläne werden ebenfalls durch das Benutzerinterface aus vorhandenen Dateien eingelesen, mit Hilfe von Eingabemasken modifiziert oder wenn nötig, ergänzt. Zusätzlich kann die Anzahl und die Größe der Pufferspeicher festgelegt werden. Da das Benutzerinterface ebenfalls in das CAD-System integriert ist, braucht der Planer auch bei der Eingabe dieser Daten das CAD-System nicht zu verlassen.

Das Modellprogramm, der Kern des Systems MONSIM, wurde mit Hilfe des Simulationspakets GPSS-F III erstellt. Es ist aus diesem Grund stark von der Struktur von GPSS-F III geprägt. Die jeweiligen Montageaufträge werden in dem Modellprogramm aus Eingangslagern in das System eingespeist, und entsprechend der durch die jeweiligen Arbeitspläne vorgegebenen Reihenfolge von den Flurförderfahrzeugen zu den Montagestationen transportiert. Jede Montagestation des

Modells besteht aus der eigentlichen Bearbeitungsstation und einem Puffer, dessen Größe durch Parameter vorgegeben werden kann. Als Charakteristik für das Verhalten der Förderfahrzeuge dient die Zeit, die ein Fahrzeug für eine Fahrt zwischen zwei Montagestationen benötigt.

Der genaue Fahrkurs der Flurförderfahrzeuge kann entweder vom Planer festgelegt werden oder durch ein Optimierungsprogramm berechnet werden, das mit Hilfe eines für diese Problematik modifizierten FORD-Algorithmus den kürzest möglichen Weg eines Transportauftrags zur Zielstation ermittelt. Das Modell berücksichtigt verschiedene Systemzustände der einzelnen Montagestationen und kann unterscheiden, ob ein fahrerloses Transportsystem beladen oder unbeladen ist. Dadurch kann festgelegt werden, ob ein unbeladenes Fahrzeug eine Montagestation passieren darf, wenn sich zum Beispiel eine Palette mit Aufträgen an einer Montagestation befindet. Zusätzlich können Restriktionen eingegeben werden, die definieren, daß ein Flurförderfahrzeug nur bestimmte Stationen anfahren darf.

Für die Untersuchung des Einflusses der Auftragsreihenfolge auf das Systemverhalten einer Anlage erlaubt MONSIM die Vorgabe einer beliebigen Anzahl von Auftragsarten und Reihenfolgen. Als Standardeinstellung kann ein Auftragsprofil vorgegeben werden, das mit Hilfe eines Zufallszahlengenerators erzeugt werden kann. Es lassen sich jedoch auch, wenn sie bekannt sind, definierte Einlaststrategien in das Modell implementieren.

MONSIM protokolliert parametergesteuert alle wichtigen Systemzustände des erstellten Modells. Ausgewählte Ergebnisse werden mit Hilfe des Auswerteprogramms in das Layout der Anlage eingeblendet. Zusätzlich kann ein ausführliches Protokoll über festgelegte Systemzustände in Listenform oder als Graphik ausgegeben werden. Das Auswerteprogramm liefert für jeden Simulationszeitpunkt einen genauen Statusbericht, d.h. welcher Auftrag sich wann wo befindet, ob er dort wartet, bearbeitet oder transportiert wird, bzw. welches Fahrzeug wann wohin fährt, oder wann es wo wartet. Darüberhinaus können statistische Informationen über Durchlaufzeiten, Taktzeiten, Wartezeiten oder Bearbeitungs-

zeiten der eingelasteten Aufträge ausgegeben werden. Ebenso wird für die Flurförderfahrzeuge die Transportzeit, die Leerfahrtzeit, die Wartezeit (Warten an
einer Station bis ein Auftrag fertig bearbeitet ist und weitertransportiert werden
kann) registriert. Mit Hilfe dieser Ergebnisse ist es dem Planer möglich, das Systemverhalten einer geplanten Anlage zu analysieren und zu optimieren.

7.3 Funktionsschema des Modells

7.3.1   Modellierung einer Montagestation mit GPSS-F III

Für eine flexible Anwendung wurden die in MONSIM definierten Montagestationen so allgemein gehalten, daß sie durch das Setzen entsprechender Parameter
an den jeweiligen Spezialfall angepaßt werden können. Für den allgemeinen Fall
wurde jede Montagestation mit einem Puffer versehen, dessen Größe vorgegeben
werden kann. Wenn ein beladenes Flurförderfahrzeug an einer Station ankommt,
deren Montageroboter im Moment nicht durch einen Auftrag belegt ist, dann ist
vorgesehen, daß der Auftrag vom Transportsystem direkt in die Arbeitsfläche
des Roboters gebracht wird. Nach dem Ablegen der Palette, auf der der Auftrag
angeliefert wurde, kann dann mit der Montage begonnen werden.

Wenn dagegen das Handhabungsgerät mit einem Montageauftrag beschäftigt ist,
dann kann die Anlieferung eines weiteren Auftrags nur erfolgen, wenn noch
Platz im Pufferlager der entsprechenden Station vorhanden ist. In diesem Fall
soll der Roboter seinen Auftrag unterbrechen und den ankommenden Auftrag in
das Pufferlager dieser Station stellen. Das Transportsystem muß bis zum Beginn
des Entladevorgangs warten, anschließend kann es mit der leeren Transportpalette weiterfahren. Nachdem der Roboter den Auftrag in den Puffer gestellt hat,
setzt er die Montage fort. Die Zeit, die der Montageroboter durch diese Unterbrechung verliert, wird berücksichtigt.

Die Darstellung einer in MONSIM modellierten allgemeinen Montagestation mit Pufferspeicher ergibt sich neben der Komplexität der darin ablaufenden Prozesse auch aus der Struktur des Simulators GPSS-F III. Die Aufträge, die sich durch das Modell der Anlage bewegen, müssen in GPSS-F III als aktive Systemelemente auf sogenannte *Transactions* abgebildet werden. Die einzelnen Montagestationen müssen andererseits, wiederum systembedingt, auf passive Systemelemente, den *Facilities* abgebildet werden. Bei der durch GPSS-F III bedingten Modellierung muß somit jeder dieser einzelnen Vorgänge, die in einem Auftrag verkörpert sind, aktiv entscheiden, welchen der anderen Vorgänge er zu aktivieren hat.In der gängigen Vorstellung eines Planers von einem flexiblen Montagesystem verhält es sich aber genau umgekehrt. Aufträge sind nach seiner Anschauung passive Systemelemente und Montageroboter aktive Elemente, die an den Aufträgen Veränderungen durchführen.

Im Einzelnen besteht jede allgemeine Montagestation mit Pufferspeicher, die in MONSIM mit Hilfe von GPSS-F III implementiert wurde, aus den folgenden Komponenten:

- einem Eingabepuffer und einem Ausgabepuffer,

- einer Speicherkapazität, realisiert durch die Systemroutine POOL, die die Kapazität der Puffer und der Montagezelle beinhaltet,

- der Systemroutine GATE, an der ein ankommendes beladenes Transportfahrzeug blockiert wird, bis es weiterfahren kann,

- einer *Facility*, die eine einzelne Montagezelle darstellt, an der Aufträge montiert werden und die diese gegebenenfalls in den Eingabepuffer oder Ausgabepuffer stellt, bzw. von dort holt,

- vier *User Chains* zur Steuerung der Pufferbelegung, sowie der Zwischenlagerung und Abholung der Aufträge,

112

-   dem Abholpunkt zur Abholung der fertiggestellten Aufträge durch das Flur-
    förderfahrzeug,

-   einem Zwischenlager für die datentechnisch notwendige Zwischenspeiche-
    rung von fertigen Aufträgen, bis diese in den Ausgabepuffer gestellt werden
    können. Die Montagestation kann auch dann nicht weiterarbeiten, wenn ein
    Auftrag im Eingabepuffer auf die Bearbeitung wartet *(Bild 31)*.

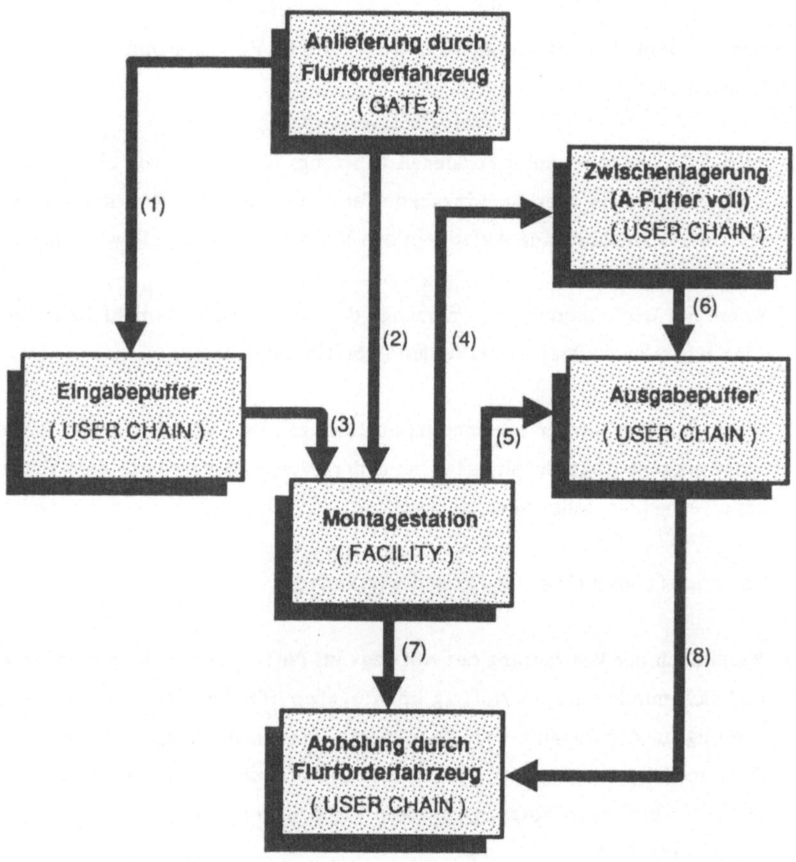

Bild 31: Modell einer Montagestation mit Pufferspeicher in GPSS-F

Im einzelnen sind in einer so definierten allgemeinen Montagestation mit den dazugehörigen Puffern potentiell acht Transportvorgänge abzuwickeln. Aus datentechnischen Gründen wurde in MONSIM zusätzlich zwischen einer gewöhnlichen Montagestation und einer sogenannten *Gather-Station* unterschieden. In einer gewöhnlichen Montagestation sollen Bauteile montiert werden, die aus Teilen bestehen, die nicht eindeutig einander zugeordnet sind. Die Bauteile, die in einer *Gather-Station* montiert werden sollen, werden aus Teilen aufgebaut, die eindeutig einander zugeordnet sind.

In einer gewöhnlichen Montagestation laufen diese Vorgänge unter folgenden Bedingungen ab:

(1) Ist bei der Ankunft eines beladenen Fahrzeugs die Station von einem Montageauftrag belegt oder der Eingabepuffer nicht leer, dann muß in dieser Situation der ankommende Auftrag in den Eingabepuffer gestellt werden.

(2) Wenn bei der Ankunft des Fahrzeugs die Montagestation nicht belegt ist, dann wird der Auftrag direkt in den Arbeitsraum gebracht.

(3) Ist ein Auftrag an der Montagestation fertiggestellt und alle übrigen Transportvorgänge abgewickelt, dann wird der nächste Auftrag aus dem Eingabepuffer geholt, falls dieser nicht leer ist, und wird anschließend bearbeitet.

Die Vorgänge (1) und (3) sowie (2) sind alternativ.

(4) Wenn nach der Bearbeitung des Auftrags im Puffer kein Platz vorhanden ist und sich mindestens ein Auftrag im Ausgabepuffer befindet, dann wird der Auftrag im Arbeitsraum zwischengelagert. Zur Vormerkung dieses Auftrags für den Ausgabepuffer wird er in die *User Chain* gestellt. Dieser Vorgang ist kein physischer Vorgang, sondern ein Scheinvorgang, der der inneren Verwaltung dient.

(5) Ist nach der Bearbeitung eines Auftrags ein Platz im Ausgabepuffer frei und
    wartet kein Fahrzeug auf die Abholung diese Auftrags, dann wird der Auf-
    trag in den Ausgabepuffer gestellt.

(6) Ist ein fertiger Auftrag im Arbeitsraum zwischengelagert und wird Platz im
    Ausgabepuffer frei, dann wird er in den Ausgabepuffer tranportiert.

Die Vorgänge (4) und (6) einerseits und Vorgang (5) andererseits sind alternativ.

(7) Wenn ein Auftrag feriggestellt ist und auf diesen Auftrag bereits ein Fahr-
    zeug wartet, dann wird er direkt zur Abholung bereitgestellt. Dieser Vor-
    gang ist ebenfalls ein Scheinvorgang, der der inneren Verwaltung des Simu-
    lators dient.

(8) Soll ein Auftrag, der sich im Ausgabepuffer befindet, von einem Fahrzeug
    abgeholt werden, dann muß er zum Abholpunkt transportiert werden.

Falls der Arbeitsraum einer Montagestation durch einen anderen Auftrag
blockiert ist, wird unterstellt, daß das abholende Fahrzeug vor der Station hält
und dort dennoch beladen werden kann.

Die Vorgänge (7) und (8) sind alternativ. Bei Montagestationen, die über keinen
Puffer verfügen, d.h. der Parameter PUFFER wurde mit dem Wert 0 belegt, sind
nur die Vorgänge (2) und (7) relevant.

Die Simulation der Montage von Bauteilen, die Teilen aufgebaut werden, die
eindeutig zugeordet sind, wurde in MONSIM mit Hilfe der Systemroutine
GATHER des Simulators GPSS-F III realisiert und funktioniert folgendermaßen:

Wird ein Auftrag an eine *Gather-Station* angeliefert und ist dessen Pendant noch
nicht an dieser Station angelangt, dann wird der Auftrag auch dann in den Puffer gestellt, wenn die Station frei ist. Voraussetzung ist natürlich, daß Platz im
Puffer vorhanden ist. Aus diesem Grund muß eine *Gather-Station* einen Puffer

besitzen, in dem Platz für mindestens einen Auftrag ist, während gewöhnliche Stationen ohne Puffer sein können. Dieser Puffer ist notwendig, da bei der Ankunft eines Auftrags noch nicht bekannt ist, ob sein Gegenstück als Nächstes angeliefert wird. In der Regel wird erst irgend ein anderer Auftrag an dieser Station eintreffen. Auf Grund der getroffenen Konvention wird ein solcher Auftrag auch dann nicht zur *Gather-Station* transportiert, wenn diese zwar frei ist, aber kein Platz mehr im Puffer vorhanden ist. Aus dieser Regelung ergibt sich außerdem, daß an einer solchen Station vor Beginn der Montage mindestens einer der beiden Teilaufträge aus dem Puffer geholt werden muß. Ansonsten finden in der *Gather-Station* prinzipiell die gleichen Transportvorgänge statt wie in gewöhnlichen Montagestationen, nur mit etwas anderen Voraussetzungen:

(1) Wenn ein Fahrzeug mit einem Auftrag eintrifft, dessen Gegenstück noch nicht in der *Gather-Station* ist, dann wird dieser Auftrag grundsätzlich über die Systemroutine GATHER in den Eingabepuffer gestellt, denn es ist zu diesem Zeitpunkt noch nicht bekannt, ob der nächste Auftrag, der eintrifft, das entsprechende Pendant ist. Wenn dies noch nicht der Fall ist, kann mit der Montage noch nicht begonnen werden.

(2) Für diesen Vorgang gilt entsprechend (1), daß bei freier Station ein Auftrag nicht über die Systemroutine GATHER direkt in den Arbeitsraum gebracht wird, wenn sein Gegenstück noch nicht in der Station ist.

(3) Vor der Bearbeitung müssen die zusammengehörenden Aufträge in den Arbeitsraum gebracht werden, mindesten einer der Aufträge kommt dabei aus dem Eingabepuffer.

Bei Beginn der Montage an der Station wird durch diese beiden Aufräge dann die Systemroutine ASSEMB von GPSS-F III aktiviert. Diese Prozedur bildet den eigentlichen Montagevorgang der beiden Baugruppen ab. Nach Beendigung des Fügevorgangs wird der eine eingetroffene Auftrag vernichtet, so daß, wie bei einer realen Montage, aus zwei Bauteilen eine Baugruppe wird.

Die Vorgänge (4) - (8) der *Gather-Station* bleiben unverändert und entsprechen denen der gewöhnlichen Montagestationen mit Puffer, wie sie vorher beschrieben wurden.

Die Puffer dieser beiden Stationstypen können während eines Montagevorgangs be- und entladen werden. Da dies durch den Roboter der entsprechenden Montagestation erfolgen soll, muß die Montage eines Auftrags unterbrochen werden, damit dieser die für die Beschickung des Puffers notwendigen Handhabungsvorgänge durchführen kann. Die Zeit, die eine Montagestation dafür benötigt, wird im Modell berücksichtigt. Während eines Transportvorgangs muß im Modell der Montagestation die sogennante Verdrängungssperre gesetzt werden, denn es darf nicht erlaubt werden, daß z.B. ein Einlegegerät oder Montageroboter, der gerade einen Auftrag in den Eingabepuffer stellen will, diesen fallen läßt, um sich einem anderen, wichtigeren Auftrag widmen zu können.

Die Vorgänge, an denen ein Montageroboter beteiligt sein kann, sind die Vorgänge (1),(3),(5),(6) und (8), sowie der eigentliche Fügevorgang. Da diese Vorgänge teilweise gleichzeitig als Anforderung an den Roboter gestellt werden können, dieser aber nur einen Vorgang zur gleichen Zeit ausführen kann, müssen diese Vorgänge mit unterschiedlichen Prioritäten versehen werden, um bei Gleichzeitigkeit eine sinnvolle Reihenfolge sicherzustellen. Die Prioritäten für die einzelnen Vorgänge werden in einer Liste gespeichert, deren Elemente den einzelnen Arbeitsgängen zugeordnet sind. Bei Gleichzeitigkeit hat dann der Vorgang mit der höheren Priorität Vorrang. Sinnvoll wäre z.B. Vorgang (1) $\triangleq$ Priorität 10, Vorgang (3) $\triangleq$ Priorität 20, Vorgang (5) und (6) $\triangleq$ Priorität 30.

Die Vorgänge (5) und (6) können dieselbe Priorität besitzen, da sie nur alternativ und nicht gleichzeitig auftreten können. Vorgang (1), das Entladen eines FTS hat die geringste Priorität. Dies ist deshalb sinnvoll, da der Fall eintreten könnte, daß nur noch ein Platz im Puffer frei sein könnte und ein gerade fertiggestellter Auftrag in den Ausgabepuffer transportiert werden müßte. Würde jetzt zuerst das Transportsysytem entladen werden, wäre der Puffer voll und der fertiggestellte Auftrag könnte nicht in den Ausgabepuffer gestellt werden. Dieser Auftrag würde im Arbeitsraum liegenbleiben und die Station blockieren. Die Prioritätenvergabe der einzelnen Vorgänge innerhalb einer Montagestation ist somit auf den ungünstigsten Fall, nämlich den, daß der Puffer fast voll ist, ausgelegt. Dies hat für die Implementierung in GPSS-F III den Vorteil, daß die Warteschlange vor einer *Facility* (Montagestation) statisch abgearbeitet werden kann. Diese Möglichkeit wird von GPSS-F III als Normalfall angesehen und von der Software gut unterstützt. Eine dynamische Warteschlangenbearbeitung ist sehr aufwendig zu implementieren und dürfte zur Verbesserung der Wartezeiten der Aufträge vor den einzelnen Stationen des Montagesystems wenig beitragen.

7.3.2 Implementierung des FORD - Algorithmus

In MONSIM ist ein Algorithmus integriert, der zur Optimierung der Fahrstrategie von spurgebundenen, nicht taktgebundenen Transportmitteln in flexiblen Montagesystemen eingesetzt werden kann. Die realisierte DV-technische Lösung des implementierten Optimierungsprogramms basiert auf der in Kap. 5.3.4 beschriebenen Modifikation des FORD - Algorithmus von D'Esopo. Das Programm bestimmt den kürzesten Weg von einem Start- zu einem Zielknoten und berechnet gleichzeitig die dazu notwendige Fahrtzeit des Transportsystems. Damit dieser Algorithmus für die unterschiedlichsten praktischen Anwendungsfälle geeignet ist, wurde dieses Programm zusätzlich um mehrere Möglichkeiten erweitert, sogenannte Restriktionen einzugeben. Beispielsweise können für einzelne Fahrzeuge bestimmte Wege gesperrt werden, oder es dürfen Stationen nicht angefahren werden, die mit einem Auftrag besetzt sind. Das Programm kann dabei zwischen den Leerfahrten von Flurförderfahrzeugen und Fahrten von Fahrzeugen im beladenen Zustand unterscheiden.

Da dieser modifizierte FORD-Algorithmus in das Modellprogramm integriert ist, wird die gesamte Programmablaufsteuerung des Algorithmus in das Unterprogramm NEXT übertragen. Bei der Definition von NEXT wurden die Konventionen von GPSS-F III für benutzereigene Unterprogramme eingehalten. Das Un-

terprogramm NEXT konnte dann sehr leicht als benutzerspezifisches Unterprogramm an die entsprechenden Stellen des Systemunterprogramms ACTIV von
GPSS-F III eingefügt werden *(Bild 32)*.

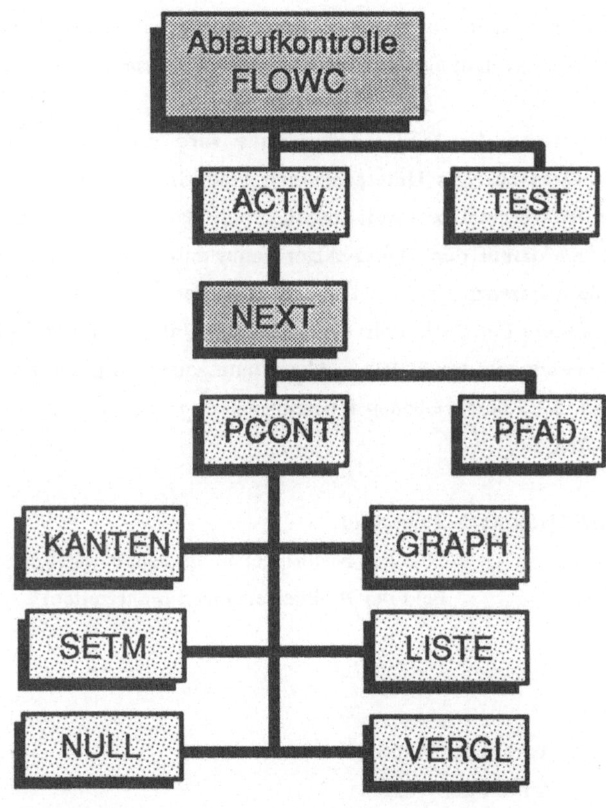

Bild 32: Rufschema der Unterprogramme in MONSIM

Das Unterprogramm NEXT steuert die Fahrt der Transportsysteme und berechnet auch, ob es sinnvoller ist, an einer Station zu warten bis ein darauf sich be-
findender Auftrag fertig ist, oder zu einer anderen Station zu fahren und einen
Auftrag abzuholen. Bei der Berechnung des Fahrwegs gibt NEXT nicht die Ziel-

station aus, an der ein Auftrag abgeholt werden kann, sondern die nächste Station auf dem kürzesten Weg dorthin. Somit kann, wenn das Flurförderfahrzeug diese Station erreicht hat, überprüft werden, ob es auf Grund des sich veränderten Systemzustands günstiger geworden ist, den Fahrkurs zu ändern oder eine andere Zielstation anzufahren. Diese Vorgehensweise erhöht zwar den Rechenaufwand, steigert aber, vor allem bei dem Einsatz von mehreren Fahrzeugen, die Effizienz des Wegeplanungsalgorithmus für diese Fahrzeuge.

Zur Vorbereitung des FORD-Algorithmus wird das Kontrollunterprogramm PCONT aufgerufen. Das Unterprogramm muß einmal aufgerufen werden, um die Daten der Wegematrix soweit aufzubereiten, daß die dafür vorgesehenen Unterprogramme darauf den FORD-Algorithmus anwenden können. PCONT stellt die aktuelle Adjazenzmatrix AZ[1:N,1:N] unter Berücksichtigung von Restriktionen (z.B. weitere Flurförderfahrzeuge) auf. Das Unterprogramm LISTE speichert für die Verwendung des FORD - Algorithmus diese Adjazenzmatrix mit Hilfe der in Kap. 5.2.2 beschriebenen Knotenorientierten Listenform in die folgenden drei Vektoren um:

ZEIGEK[1:N+1]   Zeigerfeld
EK[1:K]   Feld der Nachfolgeknoten (Montagestationen)
CP[1:K]   Feld der Pfeilbewertungen (Fahrtzeiten)

mit

N   Anzahl der Knoten
K   Anzahl der Kanten

Diese drei Felder werden zusammen mit der ursprünglichen Originalmatrix AZORG[1:N,1:N], in einem Vektor M abgelegt. Für diesen Zweck wird zuerst das Unterprogramm SETM aufgerufen, das überprüft, ob der Speicherplatz des Vektors M ausreichend dimensioniert ist. Bei Speicherüberlauf wird das Programm von SETM mit einer Fehlermeldung abgebrochen. Mit Hilfe des Unterprogramms NULL werden alle Elemente des Vektors M gleich Null gesetzt, um zu gewährleisten, daß aus früheren Berechnungen alle Werte gelöscht werden. Die wichtigsten Funktionen von PCONT sind das Setzen der Zeiger für den Vektor M, sowie das Einlesen von Daten mit Ausnahme der Adjazenzmatrix und der Restriktionen. Durch die Eingabe von Steuervariablen lassen sich in einer äußeren Schleife die Knotenrestriktionen und in einer inneren Schleife der Start- und Zielknoten ändern. In der Original Adjazenzmatrix werden zu diesem Zweck diejenigen Spalten gleich 0 gesetzt, an deren zugehörigen Stationen sich weitere Flurförderfahrzeuge befinden. Dieses Kontrollprogramm PCONT ruft dann alle anderen Unterprogramme auf.

Für das Einlesen der Adjazenzmatrix AZ mit den Restriktionen in den Vektor M wird von PCONT das Unterprogramm GRAPH aufgerufen. Von AZ wird eine Kopie im Feld AZORG abgelegt. Sollte AZ durch Knotenrestriktionen verändert worden sein, kann durch den Aufruf von AZORG im Unterprogramm PCONTR stets auf die ursprüngliche Pfeilbewertung des Graphen zurückgegriffen werden. Weiterhin werden die Start- und Zielknoten eingelesen. Das Einlesen der Restriktionen erfolgt unter Berücksichtigung folgender Punkte:

a) das Transportmittel kann beladen oder unbeladen sein,

b) es könnten sich theoretisch weitere Fahrzeuge auf einem Knoten J befinden. Um solche Kollisionen zu vermeiden, wird die Spalte J der Adjazenzmatrix, mit 0 belegt,

c) andere Knoten J können beispielsweise durch Paletten belegt sein. Es kann deshalb unterschieden werden, ob unbeladene Fahrzeuge eine Station, die mit einem Auftrag belegt ist, trotzdem passieren dürfen. Wenn diese Möglichkeit zugelassen werden soll, dann werden die Spalten J der Adjazenzmatrix nicht mit Null belegt.

Mit Hilfe des Unterprogramms KANTEN wird aus der Adjazenzmatrix durch Abzählen der Elemente mit Werten ungleich Null die Zahl der Kanten des bewerteten Digraphen bestimmt. Ist die Zahl der Kanten gleich Null, dann wird das Programm ebenfalls mit einer Fehlermeldung abgebrochen. Das Unterprogramm VERGL vergleicht die ursprüngliche, unveränderte Adjazenzmatrix AZORG mit der Adjazenzmatrix AZ, die durch wirksame Knotenrestriktionen verändert worden ist. Sollte für den Startknoten S eine Restriktion eingelesen worden sein, wäre die Spalte S der Adjazenzmatrix AZ mit Null belegt. In diesem Fall bricht das Unterprogramm ebenfalls mit einer Fehlermeldung ab.

Das Unterprogramm PFAD enthält den eigentlichen Algorithmus zur Bestimmung des kürzesten Wegs. Es bestimmt aus der im Vektor M abgespeicherten Adjazenzmatrix AZ den kürzesten Weg von S nach Z und die die dazu benötigte Zeit auf der Basis des in Kap. 5.3.4 beschriebenen modifizierten FORD-Algorithmus. Nach Abschluß des Iterationsverfahrens wird der kürzeste Weg und seine Gesamtentfernung ausgegeben. Als Ausgabedaten liefert der FORD-Algorithmus zwei Vektoren:

D[1:N]   Distanzvektor, der die Fahrtzeiten vom Knoten S zu allen anderen Knoten des Netzwerks enhält,

R[1:N]   Routenvektor, der die Route der kürzesten Wege vom Startknoten S zu allen übrigen Knoten des Netzwerks enthält.

Aus dem Vektor R[1:N] kann dann rekursiv der kürzeste Fahrweg w_{SZ} von S nach Z unter Berücksichtigung der vorgegebenen Restriktionen bestimmt werden, mit w_{SZ} = (S,..., R[R[Z]],R[Z],Z). D.h. im ersten Schritt wird das Element des Vektors R gesucht, dessen Index gleich der Nummer des Zielknotens ist. Der Inhalt des Feldelements R[Z] enthält die Nummer des Knotens, der vor dem Zielknoten Z auf dem kürzesten Weg von S nach Z liegt. Das Feldelement des Routenvektors R mit der Indexnummer dieses Knotens enthält die Knotennummer, die auf dem kürzesten Weg vom Knoten S nach Z wiederum von diesem Knotenelement liegt. Diese Knotennummer verweist dann auf das nächste Feldelement des Routenvektors, das den nächsten Knoten auf dem kürzesten Weg von Z nach S enthält. Das Verfahren wird so lange wiederholt, bis der Startknoten erreicht ist *(Bild 33)*.

i	1	2	3	4	5
R(i)	0	3	1	2	0
D(i)	0	7	3	9	oo

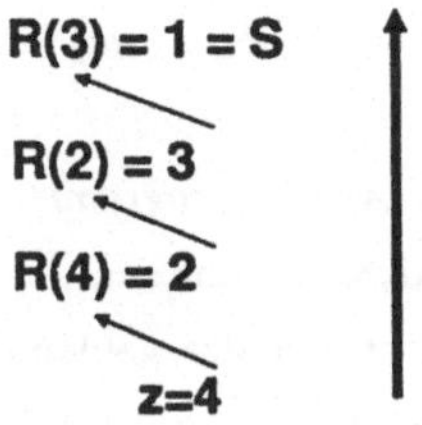

R(3) = 1 = S
R(2) = 3
R(4) = 2
z = 4

Bild 33: Rekursive Bestimmung des Fahrwegs aus dem Vektor R

Wenn, wie es im Bild 32 dargestellt ist, beispielsweise S=1 der Startknoten und Z=4 der Zielknoten ist, ergibt sich der kürzeste Weg vom Knoten 1 nach dem Knoten 4 über die Route der Knoten 1 - 3 - 2 - 4. Wenn Z von S aus erreichbar ist, enthält der Vektor D[Z] die kürzeste Entfernung vom Startknoten S nach dem Zielknoten Z. Ist der Knoten Z von S aus nicht erreichbar, dann ist das Feldelement D[Z] = oo. Im Beispiel von Bild 23 ergibt sich folglich die Gesamtentfernung vom Knoten 1 nach dem Knoten 4 aus D[4] = 9. Der Knoten 5 ist in diesem Beispiel von S aus nicht erreichbar, da D[5] den Wert oo enthält.

7.3.3 Integration von CAD-System und Simulationsmodell

Der Vorteil der Integration eines Simulationsmodells in ein CAD-System liegt hauptsächlich darin, daß der Planer eines Anlagenlayouts eine am CAD-System konstruierte Variante simulativ überprüfen kann, ohne die Benutzeroberfläche des CAD-Systems verlassen zu müssen. Die Erstellung der Daten für ein Simulationsexperiment erfordert vom Anwender keine speziellen Kenntnisse, denn die Modellbeschreibung erfolgt in der gewohnten Sprache des CAD-Systems, sowie mit Hilfe von Eingabemasken [160]. Durch die Darstellung der wichtigsten Ergebnisse im konstruierten Layout ist gewährleistet, daß die Simulationsergebnisse sofort in die Anlagenplanung einfließen können.

Die Realisierung der Kopplung zwischen dem CAD-System *Medusa* und dem eigentlichen Simulationsmodell erfolgt mit Hilfe der drei Programme *Analyseprogramm*, *Auswerteprogramm* und *Benutzerinterface*, die alle in das CAD-System *Medusa* eingebunden sind.

Das *Analyseprogramm* extrahiert für das eigentliche Modellprogramm aus der Medusa-Zeichnung eines Anlagenlayouts die Geometrieinformationen der Fahrspuren für das geplante Transportsystem. Die für den Anstoß des Analyseprogramms notwendigen Befehle sind den Menübefehlen des Medusa-Systems hinterlegt, so daß bei der Konstruktion der Wege für das Transportsystem die notwendigen Schritte des Analyseprogramms automatisch angestoßen werden. Das Analyseprogramm berechnet aus den extrahierten Geometrieinformationen die Entfernungen zwischen den einzelnen Montagestationen. Diese Daten werden als Wegematrix abgespeichert *(Bild 34)*.

Die Wegematrix steht anschließend dem *Benutzerinterface* zur weiteren Aufbereitung für das *Modellprogramm* zur Verfügung. Das Analyseprogramm ist so konzipiert, daß die Konstruktions- und Editiermöglichkeiten, die das CAD-System bietet, nicht eingeschränkt werden. Es ist zu jedem Zeitpunkt des Konstruktionsprozesses möglich, diesen zu unterbrechen und zu einem späteren Zeitpunkt wieder aufzunehmen. Bei der Modifikation einer bereits vorhandenen Konstruktion werden die entsprechenden Änderungen der dazugehörigen Wegematrix automatisch durchgeführt.

Die Programmteile des Analyseprogramms zur Datenerfassung während der Konstruktion sind als sogenannte Online-Programme dem CAD-System *Medusa* hinzugelinkt, so daß das Analyseprogramm während der Konstruktion aufgerufen werden kann, ohne die Befehlsebene von MEDUSA verlassen zu müssen. Das Analyseprogramm schränkt den Anwendungsbereich des CAD-Systems nicht ein und erlaubt die Benützung aller MEDUSA-Befehle bei der Konstruktion eines Anlagenlayouts. Es können die geometrischen Daten aller benutzten Medusa-Befehle verarbeitet werden und in die relevanten Daten für einen Simulationslauf umgewandelt werden.

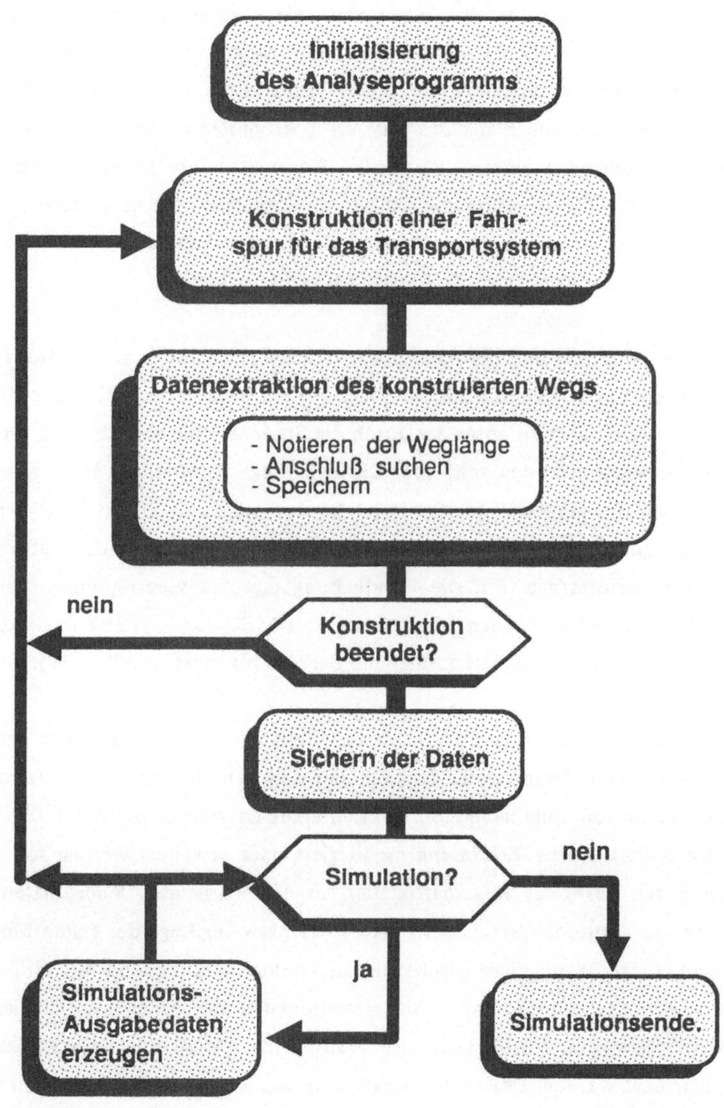

Bild 34: Integration des Analyseprogramms in den Konstruktionsprozeß

Zur Erleichterung der Konstruktion der Fahrspuren eines fahrerlosen Transportsystems im CAD-System MEDUSA werden vom Analyseprogramm spezielle Symbole zur Verfügung gestellt. Wegstücke, wie Kurven und Weichen, deren Geometrie durch die Technologie des Transportsystems vorgegeben ist, sind in einer Symbolbibliothek abgelegt. Der Planer kann diese Wegelemente aufrufen und an die entprechende Stelle des Layouts positionieren, wobei die entsprechenden Streckenlängen automatisch an die Wegematrix übergeben werden. Das Analyseprogramm bietet zahlreiche Editiermöglichkeiten, die es erlauben, einzelne Linien oder Wegelemente zu löschen. Die entsprechenden Positionen in der abgelegten Wegematrix werden dabei automatisch korrigiert.

Die Anfangsstellungen und die Anzahl der Transportfahrzeuge am Beginn eines Simulationslaufs werden ebenfalls im CAD-System eingegeben. Die Lage dieser Fahrzeuge im Layout wird entweder durch die Stationsnummer festgelegt, an der sich das Fahrzeug befinden soll, oder die Fahrzeuge werden mit Hilfe des Fadenkreuzes an die entprechende Stelle im Layout positioniert. Das Analyseprogramm errechnet die Koordinaten dieser Fahrzeuge und übergibt diese ebenfalls an das Benutzerinterface. Für die Handhabung des Analyseprogramms wurden die nachfolgend beschriebenen Menüpunkte des MEDUSA-Systems modifiziert, bzw. es wurden dem Menüblatt zusätzliche Befehle hinzugefügt *(Bild 35)*.

Der Menüpunkt *Initialisierung Hallenlayout* dient zur Konfiguration des Analyseprogramms beim Beginn einer Sitzung. Bei dem Aufruf dieses Programmteils wird festgestellt, ob eine neue Konstruktion eines Layouts erfolgen soll, oder ob eine bereits vorhandene Zeichnung modifiziert oder erweitert werden soll. Zur Justierung der Werte der Wegematrix und der entsprechenden Koordinaten der Fahrwege des Transportsystems wird der Planer nach der Lage der ersten Montagestation gefragt. Wenn diese geschehen ist, können anschließend mit Hilfe der MEDUSA-Befehle die einzelnen Montagestationen in das Anlagenlayout plaziert werden. Ebenso kann der Fahrkurs des Transportmittels zwischen diesen Stationen konstruiert werden. Der Planer kann dabei auf die oben beschriebenen Bibliotheken der Montagestationen und der Wegelemente zurückgreifen.

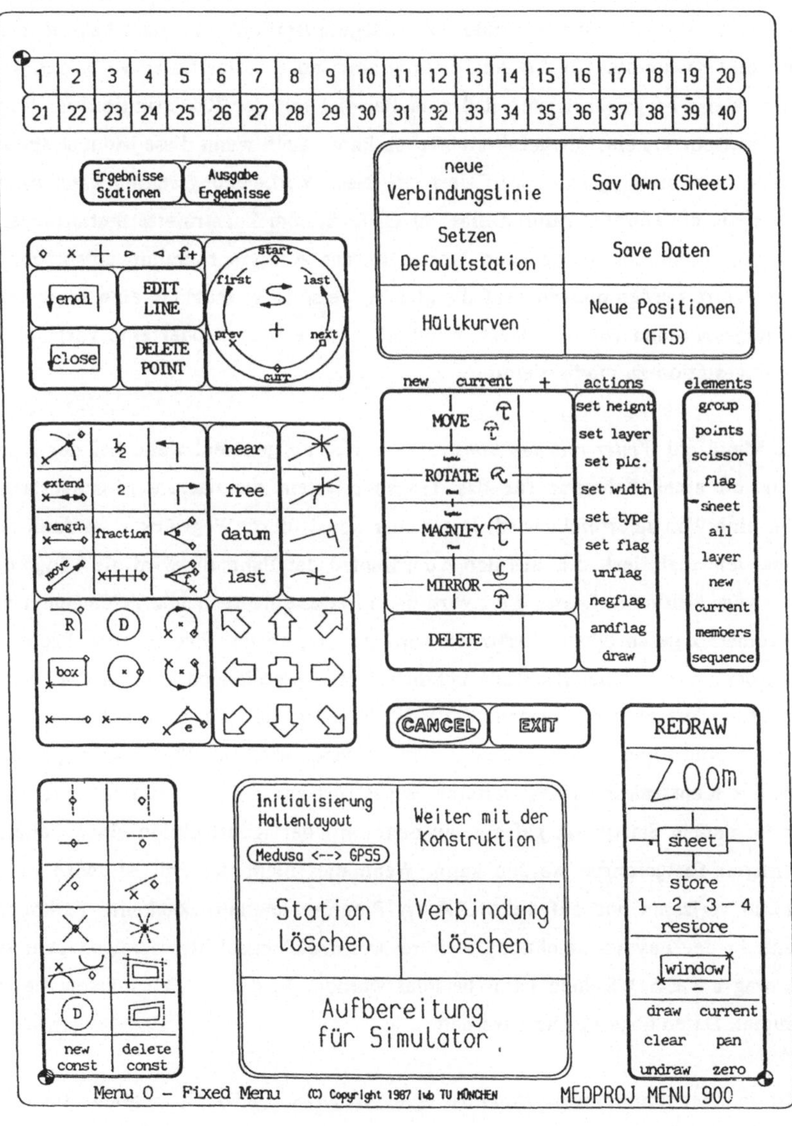

Bild 35: Modifiziertes Menüblatt des CAD-Systems Medusa

Wenn eine Einzelstation, die in das Layout eingeplant werden soll, noch nicht in der Bibliothek vorhanden ist, dann wird durch den Menüpunkt *Setzen Default-station* der Platz für eine neutrale "Vorbelegungsstation" auf dem Layout markiert und bestimmte, für das Analyseprogramm notwendige Daten vorbelegt. Auf diese Weise ist gewährleistet, daß zum Beispiel mit der Konstruktion der Wege des Transportsystems fortgefahren werden kann, auch wenn diese Montagestation vorerst noch nicht genau spezifiziert ist. Diese Vorbelegungsstation kann zu einem späteren Zeitpunkt durch eine im CAD-System konstruierte Station ersetzt werden, wobei die vorbelegten Werte für das Analyseprogramm entsprechend modifiziert werden müssen. Auf die gleiche Weise ist es möglich, eine zusätzliche Montagestationen für die Bausteinbibliothek zu erzeugen oder eine vorhandene Montagestation zu modifizieren.

Das Menüfeld *Weiter mit der Konstruktion* wird aufgerufen, wenn bei der Konstruktion einer Fahrspur für das Transportsystem die nächste Montagestation oder eine Weiche erreicht wird. Das bisher konstruierte Wegstück wird dann automatisch analysiert, d.h. aus den Koordinaten der Fahrspur wird die Länge des Fahrwegs bestimmt. Dieser Wert wird dann in das entsprechende Feldelement der Wegematrix geschrieben. Zusätzlich wird notiert, ob der Weg in allen Richtungen, oder nur in einer Richtung befahrbar ist. Anschließend kann mit der Konstruktion fortgefahren werden. Falls die Konstruktion einer Fahrspur an einer Weiche oder einer Montagestation beendet wird, wird der Planer gefragt, ob er mit der Konstruktion eines weiteren Weges fortfahren will. Wenn ja, wird nach einem neuem Startpunkt gefragt, an dem mit der Konstruktion einer weiteren Fahrspur fortgefahren werden kann. Wenn dies nicht der Fall ist, wird dieses Modul verlassen und auf die MEDUSA-Befehlsebene zurückgekehrt. Es können dann in der Layout-Zeichnung weitere Konstruktionsschritte erfolgen oder die Sitzung am CAD-System kann beendet werden. In diesem Fall müssen die erzeugten Daten abgespeichert werden.

Mit dem Menupunkt *Save Daten* ist es in MEDUSA jederzeit möglich, die aktuellen Daten, die das Analyseprogramm bisher ermittelt hat, zu speichern. Wenn zu einem späteren Zeitpunkt die Arbeit am CAD-System wieder aufgenommen wird, steht der zuletzt definierte Zustand zur Verfügung. Die zu diesen Daten dazugehörige Zeichnung des Anlagenlayouts kann mit Hilfe des MEDUSA-Menüpunkts *Sav Own (Sheet)* oder mit dem SAV-Befehl von MEDUSA gespeichert werden. Die Menüfelder *Station löschen* und *Verbindung löschen* stellen Editierfunktionen für das Analyseprogramm dar. Da es aufgrund der Datenstruktur von Medusa nur schwer möglich ist, Konstruktionsänderungen eines Layouts im nachhinein festzustellen, werden für das Analyseprogramm spezielle Funktionen zum Löschen von Verbindungen und Montagestationen zur Verfügung gestellt. Diese beiden Funktionen löschen und modifizieren gleichzeitig, sowohl die Geometrieinformation in der Zeichnung, als auch die dazugehörigen Verbindungsdaten in der Wegematrix.

Durch den Menüpunkt *Aufbereitung für Simulator* wird das Benutzerinterface aufgerufen. Mit Hilfe dieses Benutzerinterfaces wird der zu einem konstruierten Layout gehörende Datensatz für einen Simulationslauf vorbereitet, wenn die Konstruktion einer Layoutvariante abgeschlossen ist. Dazu werden aus den vom Analyseprogramm zur Verfügung gestellten Daten der Wegematrix und der Geschwindigkeit der Transportsysteme die Fahrtzeiten der Fahrzeuge zwischen den einzelen Montagestationen berechnet. Die Eingabe und Modifikation weiterer Daten für das Modellprogramm wie Auftragszeiten und Arbeitsfolgen wird mit Hilfe von Masken unterstützt *(Bild 36)*. Die erstellten Eingabedaten können, ebenfalls mit Maskenunterstützung, vor einem Simulationslauf noch einmal betrachtet und gegebenenfalls modifiziert werden. Die Ausgangsstationen der Transportfahrzeuge zu Beginn eines Simulationslaufs werden ebenfalls mit Hilfe des Benutzerinterface definiert und gleichzeitig die Symbole der Fahrzeuge an die entsprechende Stelle der Zeichnung geladen.

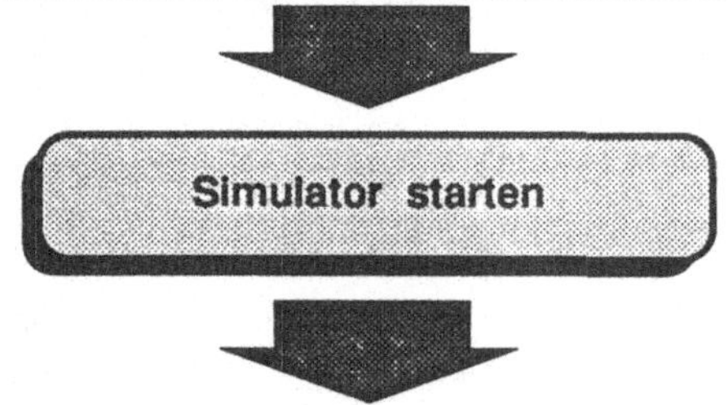

Bild 36: Einbindung des Benutzerinterface in den Simulationsablauf

Für den eigentlichen Start des Modellprogramms müssen vom Planer noch zusätzlich einige modellspezifische Ablaufparameter gesetzt werden. Diese Werte, wie
z.B. der Simulationszeitraum, die Startzeit oder der Beginn und das Ende der
Protokolliereung der Ergebnisse können ebenfalls aus vorhandenen Dateien übertragen werden und gegebenenfalls mit Maskenunterstützung modifiziert werden
(Bild 37).

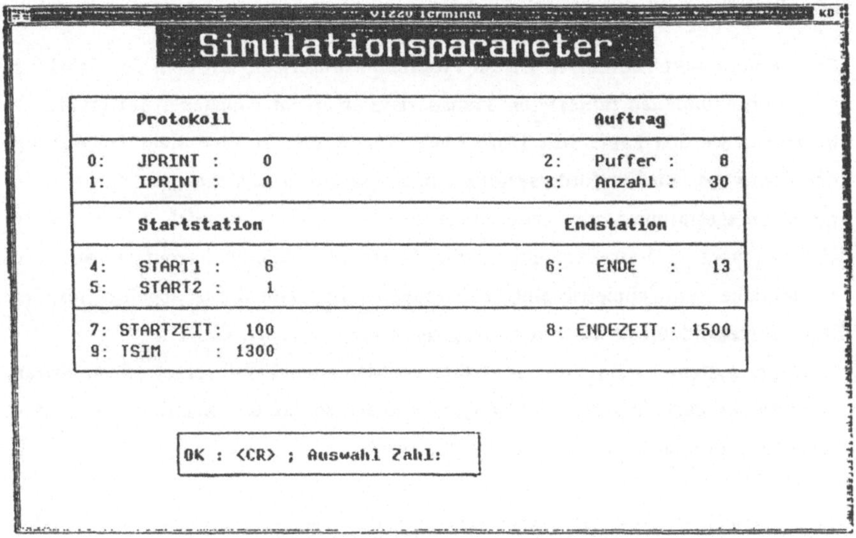

Bild 37: Eingabemaske des Benutzerinterface

Nach dem Abschluß der Konstruktion eines Anlagenlayouts und der Aufbereitung der Simulationsdaten kann das eigentliche Simulationsexperiment durch das
Menüfeld *Ausgabe Ergebnisse* vom CAD-System aus gestartet werden. Das Modul, das diesem Befehl zugrunde liegt, liest die vom Benutzerinterface erstellten
Simulationsdaten ein und startet den Simulationslauf. Falls keine Simulationsdaten erstellt wurden, wird zu den Eingabemasken des Benutzerinterface verzweigt.
Zur Sicherheit sollte vor einem Simulationslauf immer der Menüpunkt *Aufbereitung für Simulator* angestoßen werden und erst danach der Simulator gestartet
werden, da sonst eventuell die Simulationsparameter einer alten Layoutvariante

vorliegen können. Die in MONSIM vorgesehene Trennung zwischen den layout-
spezifischen Daten und den Ablaufparametern für das Simulationsmodell erlaubt
es, an einer Layoutvariante mehrere Simulationsläufe mit unterschiedlichen Parametern zu starten. Zusätzlich können aufbereitete, komplette Simulationsdaten-
sätze abgespeichert werden, um, zum Beispiel bei umfangreichen Modellen oder
langen Simulationszeiträumen, die Simulationsläufe offline als Batch-Programme
zu einem späteren Zeitpunkt starten zu können.

Dem Menüpunkt *Hüllkurven* ist ein Programm hinterlegt, mit dem der Fahrkurs
von spurgebundenen fahrerlosen Transportsystemen im Anlagenlayout graphisch
überprüft werden kann. Mit Hilfe dieses Programms ist eine Sichtüberprüfung
der Fahrwege von Flurfördersystemen in Bezug auf Kollisionen mit den einzelnen Montagestationen oder anderen stationären Objekten möglich. Mit Hilfe des
Fadenkreuzes wird ein Fahrzeug an eine bestimmte Stelle im Layout plaziert. Die
tatsächliche Lenkgeometrie eines Fahrzeugs ist als Algorithmus abgelegt, mit der
das Fahrzeug dann im Layout entlang der Fahrspur fährt. Die Umrißkanten des
Transportsystems während der Fahrt werden dabei mit einer einstellbaren
Schrittweite nacheinander in das Layout kopiert, so daß der benötigte Raum entlang der Fahrspur als Hüllkurve abbildet wird.

Das ebenfalls in das CAD-System eingebundene *Auswerteprogramm* blendet relevante Ergebnisse eines Simulationslaufs als Graphik in eine CAD-Zeichnung des
Layouts ein. Nach Beendigung eines Simulationslaufes wird automatisch eine
CAD-Zeichnung mit den wichtigsten Komponenten der Anlage und diesen graphischen Darstellungen erstellt. Damit ist es beispielsweise möglich, die Wartezeiten an den Stationen, Leerfahrtzeiten oder die Belastungen der Stationen direkt
im konstruierten Anlagenlayout abzulesen. Zusätzlich können weitere Ergebnisse
als Graphik oder ausführliche Liste ausgegeben werden. Mit dem Menüpunkt
Ergebnisse Stationen können außerdem detailliertere Simulationsergebnisse an
den einzelnen Montagestationen des Layouts eingeblendet werden. Dieser Menüpunkt sollte jedoch erst nach dem Durchlauf von *Ausgabe Ergebnisse* erfolgen,
da er auf Daten aus dem Simulationslauf angewiesen ist.

7.4 Durchgeführtes Beispiel einer Simulationsstudie

Das Simulationssystem MONSIM wurde zur Untersuchung des kapazitiven und zeitlichen Verhaltens einer am Lehrstuhl implementierten Pilotanlage zur Montage von Pkw-Türen eingesetzt. Mit dieser Anlage wurde eine neu konzipierte, montagegerecht gestaltete Tür vollautomatisch mit Hilfe von Industrierobotern montiert. Die einzelnen Montagestationen sind materialflußtechnisch durch induktiv gesteuerte Flurförderfahrzeuge verbunden. Die Montageobjekte sind auf Transportpaletten befestigt und werden von einem Fahrzeug zur entsprechenden Station transportiert und dort vor dieser Station auf einem Laststand abgelegt.

Eine Tür besteht aus zwei formstabilen, leicht fügbaren Bauteilen, der Außenhaut und dem Aggregateträger, die beide als Baugruppen vormontiert werden und anschließend zur kompletten Tür zusammengefügt werden *(Bild 38)*. Wichtig für die Ablaufsteuerung ist, daß jeder Außenhaut ein ganz bestimmter Aggregegateträger bereits vor Beginn der Montage zugeordnet ist, mit dem er dann am Ende der Montage zur kompletten Tür zusammengefügt wird *(Bild 39)*.

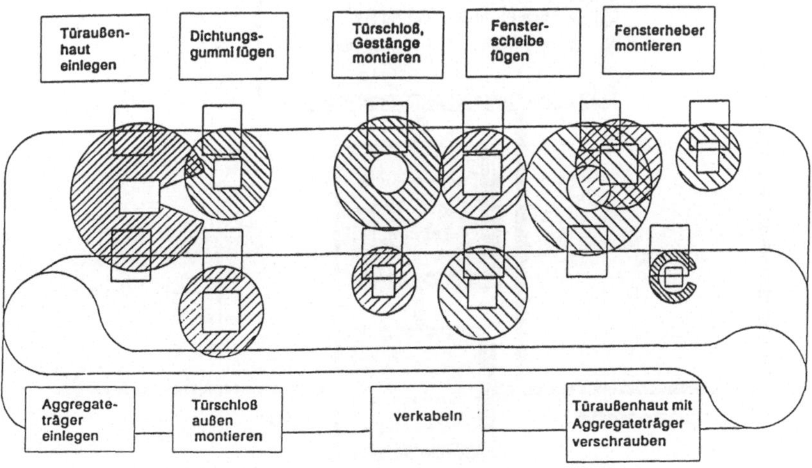

Bild 38: Layout der Pilotanlage des Lehrstuhls

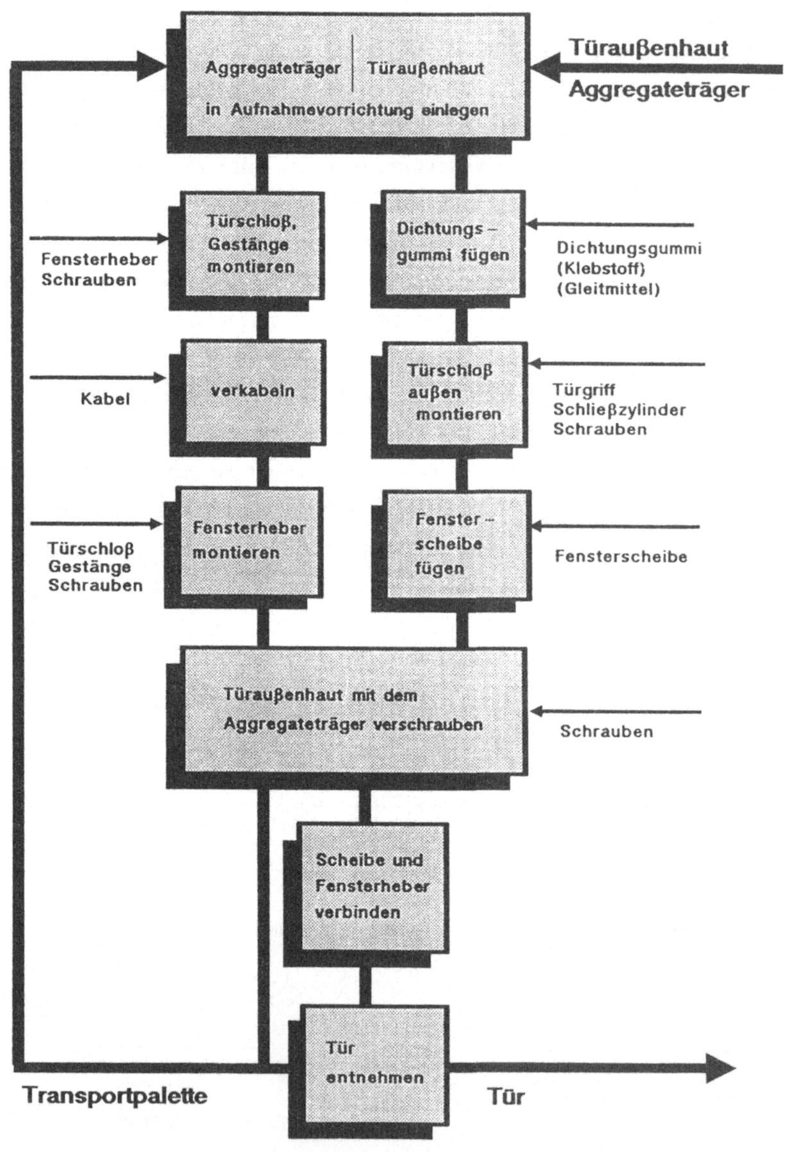

Bild 39: Funktionsschema des Montagesystems

Die Montage der Türaußenhaut und des Aggregateträgers erfolgt in zwei parallelen Montagelinien. Für die Montage des Aggregateträgers werden in den dazugehörigen Montagestationen die folgenden Arbeitsschritte durchgeführt. In der ersten Station wird der Aggregateträger aus einem Magazin entnommen und in eine Transportpalette eingelegt. Anschließend wird der Aggregateträger zur nächsten Station transportiert und dort das Türschloß und das dazugehörige Gestänge montiert. In der nächsten Station erfolgt dann die Verkabelung des Aggregateträgers. In der letzten Station dieser Linie wird der Fensterheber aus einem Magazin entnommen, auf dem Aggregateträger positioniert und verschraubt.

Die parallel angeordnete Montagelinie der Außenhaut umfaßt die folgenden Schritte. Die Türaußenhaut wird ebenfalls aus einem Magazin entnommen und in eine Transportpalette eingelegt. In der nächsten Station wird der Dichtungsgummi für die Scheibe aus einem Magazin entnommen und in den Türrahmen gefügt. Anschließend erfolgt die Montage des Türgriffs außen und die des Schließzylinders. In der folgenden Station wird die Fensterscheibe aufgenommen und gefügt. Der komplett vormontierte Aggregateträger wird dann aus seiner Transportpalette entnommen, auf die Türaußenhaut gehoben und verschraubt. Zuletzt wird die Scheibe mit dem Fensterheber verbunden und justiert. Die leeren Transportpaletten werden anschließend an den Ausgangspunkt der Montageanlage zurückgebracht.

Die Anlage ist so konzipert, daß eine Montagestation grundsätzlich nur von einem Fahrzeug zur selben Zeit angefahren werden kann. Steht ein fahrerloses Transportsystem (FTS) an einer Station, dann ist diese Station für weitere FTS gesperrt. Die Laststände wurden so konzipert, daß ein unbeladenes FTS einen belegten Laststand mit abgesenkter Arbeitsplattform unterfahren kann. Ist ein FTS nicht beladen, kann es folglich jede Station der Anlage mit abgesenkter Arbeitsplattform passieren. Wenn ein FTS mit einem Auftrag die entsprechende Montagestation erreicht hat, wird die Transportpalette mit dem Auftrag auf dem Laststand vor dem Arbeitsbereich der Station abgestellt, falls dieser frei ist, und es kann die Montage nach der Justierung der Transportpalette beginnen. Wenn diese Station mit einem Montageauftrag belegt ist, kann die Anlieferung des

Auftrags nur erfolgen, wenn noch Platz in einem zu berücksichtigenden Puffer an der Montagestation wäre. In diesem Fall würde das FTS vor der entsprechenden Station halten und der Roboter würde seine Montagetätigkeit unterbrechen, bis der ankommende Auftrag vom Flurfördersystem entladen und in diesen Stationspuffer gestellt wäre. Man könnte sich vorstellen, daß die Übergabe eines Auftrags in den Puffer durch den Montageroboter der Station erfolgen könnte. Diese Möglichkeit wurde ebenfalls in MONSIM vorgesehen. Für diesen Fall kann von MONSIM die Zeit, die der Roboter durch diese Unterbrechung verliert, berücksichtigt werden.

Das FTS hebt nach seiner Ankunft an einer Montagestation die Transportpalette an und fährt anschließend mit dem Auftrag zur nächsten Station weiter. Liegt der Auftrag in einem Pufferlager, dann muß er nach der Ankunft des Wagens an der Station und nach dem Anheben der Palette, vom Roboter aus dem Pufferlager geholt werden und auf das Transportsystem gestellt werden. Gegebenenfalls unterbricht der Roboter seine Montagetätigkeit zur Beladung des FTS. Auch hier kann die Zeit berücksichtigt werden, die der Roboter durch die Unterbrechung verliert. Wenn der Roboter einen Beladevorgang durchführt, dann darf dieser nicht unterbrochen werden. Das FTS muß solange warten, bis dieser abgeschlossen ist. Es wäre auch nicht sinnvoll anzunehmen, der Roboter ließe einen Auftrag fallen, den er gerade in den Puffer stellen will, um sich einer anderen Aufgabe zu widmen.

Ein schwieriges Problem ist die Steuerung eines FTS, das an einer Station steht, an der momentan kein Auftrag abgeholt werden kann. In diesem Fall ist zu entscheiden, ob dieses Fahrzeug warten oder zu einer anderen Station fahren soll, und wenn ja, zu welcher. Ein FTS fährt nur dann eine andere Station an, wenn die Restbearbeitungszeit des Auftrags, der sich an dieser Station befindet, geringer als die Fahrtzeit zur nächsten erreichbaren Station ist. Der Weg eines Fahrzeugs zu einer anderen Station hängt jedoch auch von der Position der anderen Fahrzeuge im System ab. Bei der Fahrt eines FTS auf dem kürzesten Weg zur Zielstation kann manchmal ein Umweg nötig werden, wenn der gewählte Fahrkurs plötzlich durch ein anderes Fahrzeug blockiert wird. Unter Umständen kann das Ziel auch überhaupt nicht mehr erreichbar sein. Eine Koordination der einzelnen FTS mit Hilfe differenzierter Fahrstrategien könnte diese Blockierungen vermeiden. Ein solcher Algorithmus ist jedoch sehr aufwendig in einem Simulationssystem zu implementieren. Er dürfte bei einer überschaubaren Anzahl von Transportsystemen auch nicht nötig sein. In MONSIM fahren die FTS deshalb unabhängig voneinander, doch ist es möglich, bestimmte Wege zeitweilig für andere FTS zu sperren.

Bevor das konstruierte Layout der Pilotanlage mit Hilfe von Simulationsläufen optimiert wurde, wurde in einem ersten Schritt überprüft, ob die räumliche Anordnung der Fahrspuren des eingesetzten Transportsystems der geplanten Layoutvariante möglich ist. Zu diesem Zweck wurden die geplanten Fahrkurse des Transportsystems durch das im CAD-System *Medusa* implementierte Analyseprogramm *Hüllkurve*, graphisch in Bezug auf Kollisionen untersucht. Der Hüllkurvengenerator bildet die Bewegungsabläufe eines Transportfahrzeugs entlang seiner Fahrspur im Anlagenlayout ab und erlaubt dadurch eine graphische Kollisionsprüfung der Fahrwege der Transportfahrzeuge mit anderen stationären Objekten der Anlage *(Bild 40)*.

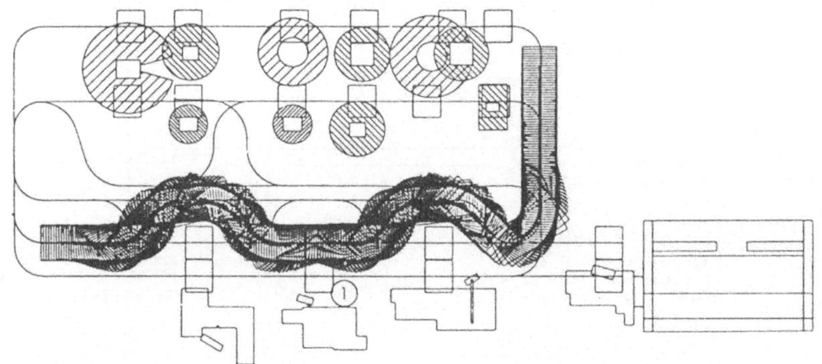

Bild 40: Graphische Kollisionskontrolle eines Fahrkurses
mit Hilfe des Hüllkurvengenerators

Die geometrisch auf Kollision überprüften Layouts wurden anschließend mit Hilfe von MONSIM in bezug auf ihr zeitliches und kapazitives Verhalten optimiert. Für die beschriebene Pilotanlage des Lehrstuhls wurden zahlreiche Varianten der Auftragsstruktur, des Anlagenlayouts sowie der Fahrstrategien der eingesetzten FTS und der Montageablaufstruktur simultiv untersucht. Auf diese Weise konnten mit Hilfe von Sensivitätsanalysen die Auswirkungen untersucht werden, die von Änderungen der Parameter hervorgerufen werden, die diese Anlagenelemente beschreiben. Durch weitere Simulationsläufe konnte die gegenseitige Beeinflussung dieser Anlagenparameter untersucht werden. Das Ergebnis dieser Simulationsläufe ergab dann eine Anlagenkonfiguration, die im Hinblick auf ein Gesamtoptimum ausgelegt ist. Eine charakteristische Ergebnisdarstellung in dem Layout einer Anlagenvariante wird in der Abbildung 41 gezeigt.

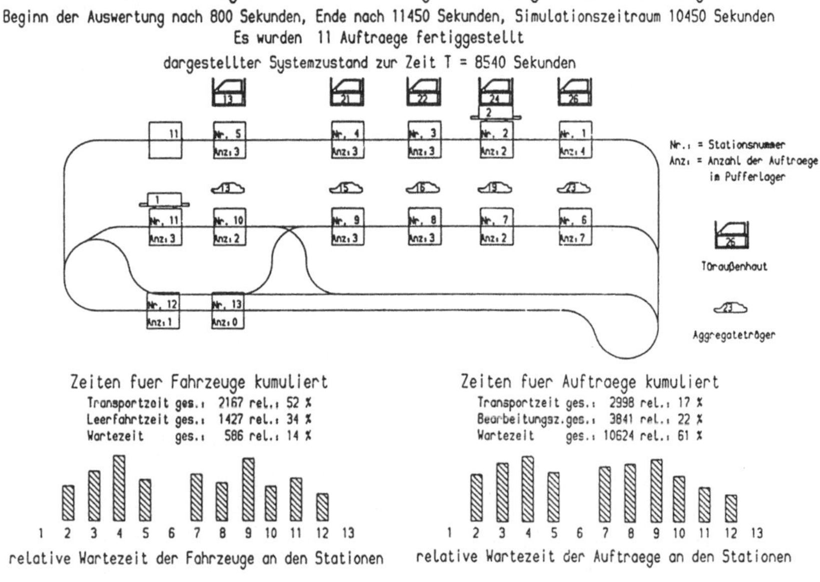

Bild 41: Simulationsergebnisse in der Layoutdarstellung

Die Protokollierung der Ergebnisse wurde erst nach einer gewissen Zeit einge-
schaltet, um Effekte, die durch das Einschwingverhalten der Anlage auftreten
können, zu eliminieren. Es zeigte sich, daß bei dem Einsatz von einem oder von
zwei Transportfahrzeugen die Transportzeit und die relative Leerfahrtzeit je
Fahrtzeit im Simulationszeitraum annähernd gleich blieben *(Bild 42)*. Die geringe Wartezeit, die sich beim Einsatz von zwei Fahrzeugen ergibt, ist damit zu erklären, daß bereits bei zwei Transportfahrzeugen gelegentlich der Fall eintritt,
daß das eine Fahrzeug durch das andere Fahrzeug blockiert wird. Wenn zusätzliche Fahrzeuge eingesetzt werden, erhöhen sich die Wartezeiten überproportional,
während sich dementsprechend die Transportzeit je Fahrzeug weiter verringert.
Bei einem Simulationslauf mit mehr als vier Fahrzeugen wurden schließlich keine Aufträge mehr transportiert und nur noch Wartezeiten registriert. Der Grund
dürfte darin liegen, daß bei diesem Anlagenlayout nicht genügend Fahrspuren
und Ausweichmöglichkeiten vorhanden sind. Wenn mehr als vier Fahrzeuge im
Einsatz sind, werden diese sich in dieser Anlagenkonfiguration immer im Weg
stehen und gegenseitig blockieren.

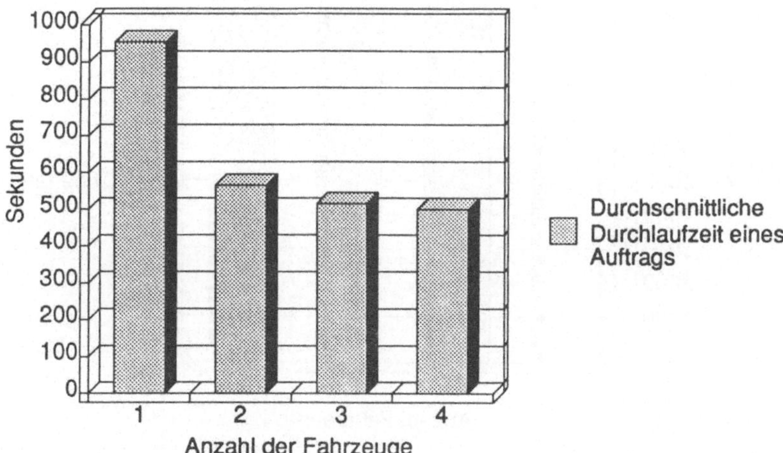

Bild 42: Anteilige Zeiten bei einer unterschiedlichen Anzahl von Fahrzeugen

Eine wesentliche Reduzierung der durchschnittlichen Durchlaufzeit eines Auftrags durch das System konnte bei dem Einsatz von zwei, statt einem Transportfahrzeug festgestellt werden. Der Einsatz weiterer Fahrzeuge brachte dann keine spürbare Verbesserung der Durchlaufzeiten der Aufträge mehr *(Bild 43)*. Die Tatsache, daß die durchschnittliche Durchlaufzeit der Aufträge beim Einsatz eines einzelnen Fahrzeugs so lang ist, dürfte darin liegen, daß in der Anlage erheblich mehr Transportanforderungen anfallen, als ein einzelnes Fahrzeug erledigen kann. Es bilden sich demzufolge Warteschlangen an den einzelnen Montagestationen, weil kein Fahrzeug zum Weitertransport der Aufträge zur Verfügung steht, oder die Montagestation kann nicht weiterarbeiten, weil der Auftrag von der vorherigen Station noch nicht angeliefert werden kann. Bei dem Einsatz von zwei Fahrzeugen ist bei der Durchsatzleistung der Anlage ein gewisses Optimum erreicht. Das ist daran zu erkennen, daß die Durchlaufzeit durch den Einsatz von mehr als zwei FTS nur noch unmerklich reduziert wird. Der Einsatz weiterer FTS ist auch aus den vorher geschilderten Gründen in dieser Anlagenkonfiguration nicht mehr sinnvoll.

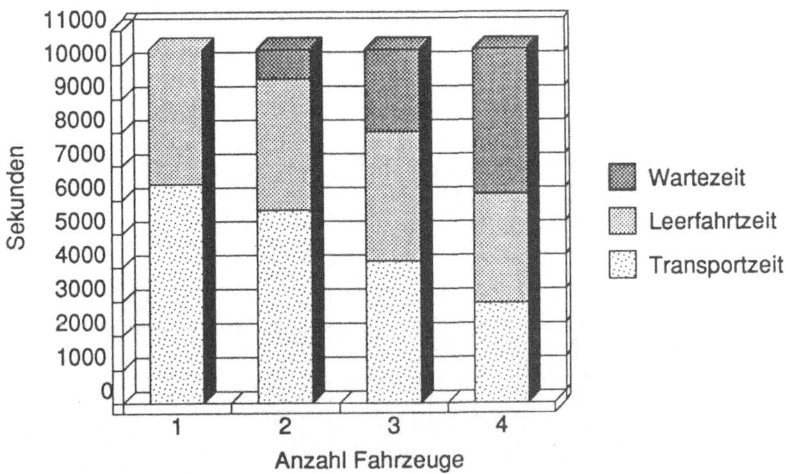

Bild 43: Durchschnittliche Durchlaufzeiten der Aufträge bei einer unterschiedlichen Anzahl von Transportfahrzeugen

Die durchgeführten Simulationsläufe zeigten, daß die Variation der zugelassenen
Wege für ein bestimmtes Transportfahrzeug keine wesentliche Änderung der Ergebnisse mit sich brachte. Der Einfluß, den diese Parametervariationen auf die
Durchlaufzeit zeigten, war sehr gering. Es waren nur geringfügige Änderungen
der festgestellten Durchlaufzeiten bei den eingelasteten Montageaufträge festzustellen. Es war im Prinzip gleichgültig, ob ein Fahrzeug alle Stationen der Anlage
anfahren durfte, oder ob bestimmte Bereiche des Anlagenlayouts für dieses
Fahrzeug gesperrt wurden. Erhebliche Auswirkungen auf die Durchlaufzeiten
der einzelnen Aufträge waren nur bei einer Änderung des Produktmix der Aufträge festzustellen, die auf dieser Pilotanlage eingelastet werden sollen. Meßbare
Verbesserungen der Durchlaufzeiten konnten auch bei einer Veränderung der
Arbeitsinhalte erreicht werden, die an einer einzelnen Montagestation durchgeführt werden sollen.

Die besten Ergebnisse bei den durchgeführten Simulationsläufen in Bezug auf
die Durchlaufzeit der Aufträge wurden bei einer ausgeglichenen Belastung der
einzelnen Montagestationen der untersuchten Pilotanlage erreicht. Dies bedeute-
te, daß einzelne Arbeitsinhalte an bestimmten Montagestationen zusammengefaßt
oder gesplittet werden mußten. Technisch könnte dies durch die Installation von
zusätzlichen Montagestationen oder durch Greiferwechselsysteme an bestimmten
Montagerobotern realisiert werden. Eine andere Möglichkeit besteht darin, diese
zusätzlichen Stationen als Mehrfachstationen auszulegen. In diesem Fall wird eine
zusätzliche Montagestation parallel geschaltet und in dieser die gleiche Montagetätigkeit ausgeführt, d.h. die Anzahl der zu montierenden Montageobjekte wird
mengenmäßig diese zusätzlichen Stationen aufgeteilt. Der Grund, warum bei einer ausgeglichenen Belastung der Stationen die Durchlaufzeit minimiert wird,
liegt darin, daß ablaufbedingte Warteschlangen an den einzelnen Montagestationen minimiert werden.

7.5 Bewertung des Modells

Die durchgeführten Simulationsstudien an der Pilotanlage des Lehrstuhls haben grundsätzlich gezeigt, daß mit Hilfe des integrierten Simulationssystems MON-SIM eine Optimierung des Anlagenlayouts durchgeführt werden kann. Bei der Auswertung der Simulationsergebnisse zeigte sich, daß die Optimierung anhand eines Parameters für die optimale Auslegung dieser Anlage nicht ausreichend ist. Deshalb müssen Simulationsexperimente mit den verschiedenen Parametern durchgeführt werden, die eine solche Anlage beschreiben. Die Einzeloptima, die durch Variation dieser Parameter gefunden wurden, dürfen jedoch nicht allein betrachtet werden. Erst durch eine kombinierte Betrachtung aller Ergebnisse ist eine quantitative und qualitative Aussage über das zu erwartende Systemverhalten der realen Anlage möglich.

Bei der Planung und Steuerung komplexer flexibler Montagesysteme stellt sich das Problem, daß die Wirkungszusammenhänge der darin ablaufenden Prozesse nur in begrenztem Umfang bekannt sind. Auch der vermehrte Einsatz der elektronischen Datenverarbeitung macht diese Prozesse nicht wesentlich transparenter, da es sich bei flexiblen Montagesystemen zwar um künstlich geschaffene Strukturen handelt, die aber in ihrem Aufbau sehr komplex vernetzte Systeme sind [161]. Beim jetzigen Stand der Technik ist es vorerst nicht möglich, ein umfassendes Modell, das die Beziehungen aller Systemelemente einer flexiblen Montageanlage berücksichtigt, in einem Rechner abzubilden. Sinnvoller ist es, relevante Eigenschaften des geplanten Realsystems als Teilsysteme herauszugreifen und als Simulationsmodell zu implementieren. Dabei sind die Schnittstellen zu den übrigen Teilsystemen zu berücksichtigen und die Einbettung dieser Teilsysteme in ein System höherer Ordnung zu beachten. Bei einem Einsatz rechnergestützter Planungsverfahren im Bereich der flexibel automatisierten Montage besteht außerdem das Problem, daß die Planungstätigkeiten, Entwickeln von Verfahren, Projektieren oder Konstruieren, nicht vollständig algorithmierbar sind [162]. Der Einsatz herkömmlicher Simulatoren zur Lösung von Planungsaufgaben im Bereich der flexiblen Montage ist somit auch aus diesen Gründen erschwert.

Bei der Anwendung der Simulationstechnik für Planungsaufgaben stellt sich in der Regel das Problem, daß die Topologie der dem Modell zugrundeliegenden, geplanten Anlage noch nicht bekannt ist und die Simulationsmodelle im Verlauf des Planungsfortschritts mehrmals angepaßt werden müssen. Das Problem bei herkömmlichen Programmiersprachen liegt darin, daß grundsätzliche strukturelle Änderungen der Modellbausteine auf Grund der Semantik der Programmiersprachen schwer durchzuführen sind. Bei Änderungen der Struktur müßte deshalb das zugrundeliegende Simulationsmodell neu codiert werden. Das entwickelte Simulationssystem MONSIM wurde deshalb so allgemein gehalten, daß die meisten Topologien durch das Setzen von Parametern abgebildet werden können. Auf diese Weise können allerdings nur Untermengen der von MONSIM berücksichtigten Topologien abgebildet werden.

Eine objektorientierte Modellbeschreibung mit Hilfe von Werkzeugen der künstlichen Intelligenz dürfte sich deshalb in Zukunft besser zur Simulation und Modellbildung flexibler Montagesysteme eignen. Bei diesen Sprachen können zusätzliche Regeln leicht eingefügt werden. Ein weiterer Vorteil dieser Methoden besteht darin, daß die in realen Prozessen vorkommenden, vagen Daten und Heuristiken mittels wissensbasierter Systeme aufbereitet und gewichtet werden können und damit auch eine Evaluierung konkurrierender Zielkriterien erreicht werden kann.

8. Zusammenfassung

Im Rahmen dieser Arbeit wurde ein Simulationsmodell zur Untersuchung des zeitlichen und kapazitiven Verhaltens flexibler Montagesysteme entwickelt. Für die praktische Handhabung wurde dieses Modell in die Benutzeroberfläche eines CAD-System integriert. Somit kann eine Layoutvariante simulativ überprüft werden, ohne daß man das CAD-System zu verlassen braucht. Layoutdaten, die am CAD-System erzeugt wurden, werden automatisch aufbereitet und dem Simulationsmodell zur Verfügung gestellt, so daß der Beschreibungsaufwand für ein solches Modell minimiert wird. Mit Hilfe des CAD-Systems erfolgt allerdings nur eine statische Beschreibung des Modells. Für den Ablauf eines Simulationsexperiments ist zusätzlich noch eine Beschreibung der ablaufenden Prozesse nötig. Zur automatischen Berechnung der Fahrstrategien von fahrerlosen Transportsystemen wurde ein eigens dafür modifizierter Optimierungsalgorithmus integriert. Ein zusätzlich in das CAD-System eingebundener Hüllkurvengenerator gestattet es, die geplanten Layouts graphisch auf Kollision zu überprüfen.

Der Einsatz der Simulationstechnik als Planungsinstrument hängt nicht nur davon ab, daß die eingesetzten Simulationssysteme eine Benutzeroberfläche besitzen, die für den Planer leicht handhabbar ist. Grundlage einer jeden Simulationsstudie ist eine klare Strukturierung der auftretenden Planungsprobleme. Dies bedingt eine genaue Systemanalyse der in einem flexiblen Montagesystem ablaufenden Prozesse. Erst die genaue Kenntnis der Wirkungszusammenhänge, die ein solches System beschreiben, erlaubt die Erstellung von Simulationsmodellen, mit denen reproduzierbare Modellexperimente durchgeführt werden können.

Ausgehend von der Definition des Montagebegriffs wurde deshalb zuerst eine funktionale Betrachtung der in der Montage ablaufenden Vorgänge durchgeführt und die Einsatzziele und Bestandteile flexibler Montagesysteme beschrieben. Die Flexibilität als das kennzeichnende Merkmal dieser Anlagen wurde klassifiziert und definiert. Zur Durchführung einer Planung mit Hilfe der Simulation ist es notwendig, die Planungsaufgabe nach sachlichen Gesichtspunkten zu gliedern. Ausgehend von den Aufgaben, die sich bei einer Planungstätigkeit im Bereich

der flexiblen Montage ergeben, wurden die einzelnen Phasen der Planung dargestellt und hinsichtlich ihres Orts- und Zeitbezugs gegliedert. Der Schwerpunkt
der Planungstätigkeit auf der Anlagenebene ist die Layoutplanung flexibler Montagesysteme. Aus diesem Grund wurde dieser Planungsfall näher beschrieben,
wobei besonders auf CAD-Systeme als Werkzeuge zur Unterstützung der Layoutplanung eingegangen wurde.

Da die Materialflußkosten einen wesentlichen Anteil der Herstellkosten eines
Produkts darstellen, wurden die Möglichkeiten zur Optimierung des Materialflusses in flexiblen Montagesystemen aufgezeigt. Ausgehend von der Definition der
Begriffe Materialfluß und Materialflußplanung wurden Methoden und Verfahren
zur Optimierung des Werkstückflusses vorgestellt. Dabei wurde auf die Bedeutung der Transportkosten als wesentlichstes Optimierungsziel eingegangen. Für
die praktische Anwendung wurden Methoden und Verfahren zur Optimierung
des Transportaufkommens vorgestellt und bewertet. Wichtig für den wirtschaftlichen Betrieb eines flexiblen Montagesystems ist die richtige Dimensionierung der
notwendigen Puffer. Zur praktischen Pufferauslegung wurden Methoden und
Verfahren angegeben und aufgezeigt, wie diese Verfahren in ein Simulationssystem integriert werden können.

Ein Hilfsmittel zur Lösung von Optimierungsproblemen stellen graphentheoretische Methoden dar. Damit diese Methoden in einem Rechner verwendet werden
können, sind diese Graphen in eine für Computer verständliche Form überzu-
führen. Die Matrixdarstellung und die Listendarstellung von Graphen wurden
vorgestellt. Es zeigte sich, daß die Listendarstellung sich als das geeignetste Verfahren erwies, um Graphen in Optimierungsverfahren weiterzuverarbeiten. Auf
Graphen anwendbare Algorithmen, die zur Optimierung des Werkstückflusses
dienen können, wurden diskutiert und daraufhin beurteilt, ob sie als Steuerungsstrategien für fahrerlose Transportsysteme eingesetzt werden können.

Wesentlich für die Güte einer Simulationsstudie ist das zugrundegelegte formale
Modell der zu untersuchenden Anlage. Die Methoden der Systemtheorie und Systemtechnik stellen sehr gute Werkzeuge zur Modelldefinition dar. Aus diesem

145

Grund wurde, ausgehend von einer Definition der Begriffe, die systemtheoretische Betrachtung des Modellbildungsprozesses dargelegt und die Erstellung von formalen Modellen mit Hilfe der Systemtechnik erläutert. Diese Modelle können dann leicht in ein lauffähiges Simulationsmodell übergeführt werden. Simulationssprachen, die für Simulationsmodelle von flexiblen Montagesystemen geeignet sind, wurden klassifiziert und die Vorgehensweise bei der Modellbildung und Simulation beschrieben.

Aufbauend auf diesen Grundlagen wurde das integrierte Planungswerkzeug MONSIM ausgeführt. Das eigentliche in MONSIM implementierte Simulationsmodell, wurde so gestaltet, daß notwendige Anpassungen an spezielle Problematiken durch Parameter gesteuert werden. Es kann daher für ein weites Anwendungsgebiet eingesetzt werden, ohne daß strukturelle Änderungen des Modells vorgenommen werden müssen. Der Leistungsumfang, der mit diesem Simulationsmodell abgedeckt werden kann, wurde erläutert. Da dieses Modell mit Hilfe von GPSS-F III erstellt wurde, wurde die Struktur dieser Simulationssprache beschrieben. Anhand des Funktionsschemas des Modells wurden auf einzelne Module von GPSS-F III, die für das Modell verwendet wurden genauer eingegangen. Der Aufbau und die Wirkungsweise einer allgemeinen Montagestation mit Puffern wurde beschrieben, die parametergesteuert den meisten Problemstellungen angepaßt werden kann.

Zur automatischen Generierung der Wegesteuerung für fahrerlose Transportsysteme wurde auf der Grundlage eines FORD-Algorithmus ein modifizierter Optimierungsalgorithmus entwickelt. Die Implementierung dieses um Restriktionen erweiterten Optimierungprogramms in das Simulationsmodell wurde beschrieben. Die Handhabung und Funktion des integrierten Analyseprogramms, das die Daten des CAD-Systems für das Simulationsmodell aufbereitet, wurde erklärt. Der praktische Einsatz des Systems MONSIM wird bei der Untersuchung des kapazitiven und zeitlichen Verhaltens der Pilotanlage des Instituts für Werkzeugmaschinen und Betriebswissenschaften der Technischen Universität München gezeigt, die zur Montage von Pkw-Türen diente.

1. *Milberg,J.,H.Bürstner*: "Montageautomatisierung, ein wirksamer Wettbewerbsfaktor", Planung und Produktion 35 (1987) 3, S. 6-15.

2. *Pferdmenges,R.*: Organisation in flexibel automatisierten Fertigungskonzepten, Diss. Aachen, 1980.

3. *Steinhilper,R.*: "Neue flexible Fertigungssysteme in Japan", VDI-Z,Bd. 126 (1984), Nr. 1/2, S. 1- 8.

4. *Milberg,J.*: "Wettbewerbsvorteile durch Stärkung der Integration" in Tagungsband: IWB-Kolloquium "Wettbewerbsvorteile durch Integration in Produktionsunternehmen", Springer-Verlag, Berlin, Heidelberg, New York, London, Paris, Tokyo, 1988, S. 1-28.

5. *Koch,H.C.*: "Chancen, Risiken und Grenzen der Automatisierung am Beispiel der Automobilindustrie" in Tagungsband: IWB-Kolloquium "Automatische Produktionssysteme", München 1985, S. 26-54.

6. *Heusler,H.-J.*: "Entwicklung von Flexibilisierungsstrategien mit Hilfe der Simulationstechnik" in: Simulationstechnik, Informatik Fachberichte 150, Springer Verlag, Berlin Heidelberg New York London Paris Tokyo, 1987, S.504-511.

7. *Milberg,J.,Wrba,P.*: "Roboter-Einsatzplanung und Offline Programmierung mit USIS", ZwF 81 (1986), S.484-488.

8. *Milberg,J.*: "Robotereinsatz in der flexibel automatisierten Montage: Optimierung der Montagetechnik durch rechergestützte Simulations- und Planungssysteme", in: Tagungsband Kommtech '87, Essen (1987).

9. *N.N.*: VDI-Richtlinie 3633, Anwendung der Simulationstechnik zur Materialflußplanung, März 1983.

10. *Schöne, A.*: Simulation technischer Systeme, Band 1: Grundlagen der Simulationstechnik, München, Wien 1974.

11. *Schöne, A.*: Simulation technischer Systeme, Band 3: Simulation diskreter Systeme, München, Wien 1974.

12. *Krüger,S.*: Simulation, Grundlagen, Techniken, Anwendungen, Berlin, New York, Walter de Gruyter Verlag 1975.

13. *Zeigler B.P.*: Theory of Modelling and Simulation, New York, John Willey & Sons, 1976.

14. *Gordon,G.*: Systemsimulation, Oldenbourg-Verlag, München Wien, 1972.

15. *Pritschow,G.,Spur,G.,Weck,M.*: Simulationstechnik in der Fertigung, Carl Hanser Verlag, München Wien, 1986.

16. *Spur,G.*: "Aufschwung, Krisis und Zukunft der Fabrik", in: Vorträge des Produktionstechnischen Kolloquiums Berlin, Carl Hanser Verlag, München Wien, 1983.

17. *Prischow,G.,Spur,G.,Weck,M.*: Simulationstechnik in der Fertigung, Hanser Verlag, München Wien, 1985.

18. *Pilland,U.*: Echtzeit-Kollisionsschutz an NC-Drehmaschinen, Springer-Verlag, Berlin, Heidelberg, New York, Tokyo, 1986.

19. *Kornwachs,K.,Warschat,J.*: "Eine Befragung zur Anwendung und Methodik der Simulation im technisch-ökonomischen Bereich", Angewandte Systemanalyse Band2/Heft2 (1981), S.87-97.

20. *Kuhn, A.*: "Stand der Simulation in der Fertigungstechnik und Entwicklungstendenzen" in: Simulationstechnik, Springer Verlag, Berlin, Heidelberg, New York, Paris, Tokyo, 1987, S.2 - 27.

21.   *Seliger,G.:* Wirtschaftliche Planung von automatisierten Fertigungssystemen, Carl Hanser Verlag, München Wien, 1983.

22.   *Wienecke-Toutaoui B.:* Rechnerunterstütztes Planungssystem zur Auslegung von Fertigungsunterlagen, München, Carl Hanser Verlag, 1987.

23.   *Chmielnicki,S.:* Flexible Fertigungssysteme Simulation der Prozesse als Hilfsmittel zur PLanung und zum Test von Steuerprogrammen, Springer Verlag, Berlin Heidelberg New York Tokyo, 1985.

24.   *Blackstone,J.H.,u.a.:* "A state-of-art survey of dispatching rules for manufactoring job operations", INT.J.PROD.RES, 1982, Vol.20 No.1, 27-45.

25.   *Comly,J.B.,Keramaty,B.,Rao,P.,Jaster,H.:* Factory Simulation - Approach to Integration of Computer-based Factory Simulation with Conventional Factory Planning Techniques Autofact 4 Conference 30.11. - 2.12. 1982 Philadelphia, Pennsylvania , USA MS82 - 428 S.1 - 12

26.   *Hutchinson,G.K.:* Flexible Fertigungssysteme und Simulation ZwF 78 (1983) 2, S.74 - 76

27.   *Bryant,R.M.:* Experience with SIMPAS, University of Wisconsion-Madison, Computer Science Department, Technical Report #455, Nov. 1981.

28.   *Viehweger,B.:* Planung von Fertigungssystemen mit automatisierten Werkzeugfluß, Hanser Verlag, München Wien, 1986

29.   *Maier,Ch.,Diess.H.,Karstedt,K.:* "Innovation im Überfluß-internationale Bestandsaufnahme Robots 10 Chicago",Roboter 3 (1986), S. 80-94.

30.   *Miese, M.:* Planung und Bewertung von Arbeitssystemen in der Montage, Krausskopf Verlag, Mainz, 1977.

31.   *Rummert, T.:* In Funktionsebenen modular aufgebautes Simulationsverfahren für die Materialflußtechnik, Diss. Karlsruhe 1981.

32.   *Teriete,A.:* "Dialogorientierte Simulation von automatisierten Materialflußsystemen" in: Informatik-Fachberichte 109 - Simulationstechnik, S. 511, Springer Verlag, Berlin Heidelberg New York Berlin Tokyo, 1985.

33.   *Fujii,S.:* Interactive Production System Simulator with Graphic Capability Computer Applications in Production and Engineering E.A.Warren (Editor) North Holland Publishing Company IFIP 1983 S.437 - 449.

34.   *Schlüter,K.:* "Planung einer flexiblen Montagestraße mittels GPSS-Fortran" in: Informatik Fachberichte 150-Simulationstechnik, 1987,S. 540-547.

35.   *Eversheim,W.,Hoeschen,R.D.,Peffekofen,K.H.:* "Rechnerunterstützte Montageplanung für komplexe Produkte", wt - Z.ind. Fertig. 70(1980)387-391

36.   *Geitner,U.,Boll,W. :* Simulationsmodell für die Auftragsplanung eines Industriebetriebs ZwF 78 (1983) 10, S.477 - 481.

37.   *Vähning,H.,Weller,B.:* "Planung eines personalorientierten Montagesystems", wt - Z.ind.Fert.74(1984),S. 43 - 46.

38.   *Sauer,H.:* Mengen- und ablauforientierte Kapazitätsplanung von Montagesystemen, Springer-Verlag, Berlin,Heidelberg, New York, Tokyo, 1987.

39.   *Heinzel,R.,Rudolph,M.:* "Fabrikplanung mit Hilfe einer Werkstrukturdatenbank, Ein Erfahrungsbericht im Dialog zwischen Anwender und Softwarehaus" in: Rechnerunterstützte Fabrikplanung '87, Böblingen, 1987.

40.   *Dörken,W.:* "Simulationsmodelle und ihre Anwendung bei der Analyse von Prioritätsregeln zur Maschinenebelegungsplanung", AV 10 (1973) Heft 3 und Heft 4.

41.   *Schmidt,R.:* Einsatzmöglichkeiten der Simulation in der Werkstattsteuerung in: Simulationstechnik, Springer Verlag, Berlin, Heidelberg, New York, Paris, Tokyo, 1987, S. 520 - 529.

42.   *Hartberger,H.:* "Rechnergestützte Modellbildung und Simulation flexibel automatisierter Montagesysteme" in: Simulationstechnik, Informatik Fachberichte 179, Springer Verlag, Berlin Heidelberg New York London Paris Tokyo, 1988, S.384-390.

43.   *Hellingrath,B.:* "Expertensysteme und Simulation - Stand der Technik und erste Forschungsergebnisse" in: Fachtagung Simulationstechnik und Logistik, 3. und 4. Juni 1986, Dortmund, gfmt - Verlags KG, München, 1988.

44.   *Milberg,J.:* "Entwicklungsstufen flexibel automatisierter Produktionssysteme." in: Tagungsband iwb-Kolloquium; automatische Produktionssysteme, München 1985.

45.   *Hölken,W.,et al.:* "Systematische Planung und Abwicklung der Montage", Ind.-Anz. 96 (1974) 70, S. 1604-1611.

46.   *Löhr,H.-G.,Kiener,W.:* "Montagetechnik-Schwerpunkt der Rationalisierung" in: Warnecke,H.-J. (Hrsg), Produktionstechnik heute, Bd. 7, Krauskopf Verlag, 1975.

47.   *Arlt,J.,Miese,M.:* "Analyse des Produktionsbereichs Montage - Voraussetzungen und Möglichkeiten", Ind.-Anz. 93 (1971) 67, S. 1703-1709.

48.   *Brankamp,K.:* Handbuch der modernen Fertigung und Montage, Verlag Moderne Industrie, 1975.

49.   *Petri,H.:* Verkettung von Montage- und Fertigungsverfahren, VDI-Bericht Nr. 323, 1978, S.129-135.

50.   *Miese,M.:* Systematische Montageplanung in Unternehmen mit Kleinserienproduktion, Essen 1976.

51.   *Pässler,R.:* "Grundprobleme und Hauptrichtungen der Monagerationalisierung im Maschinenbau", Fertigungstechnik und Betrieb 24 (1974) 11, S.643-645.

52.   *Pahl, G., Beitz, W.:* Konstruktionslehre, Springer Verlag, Berlin, Heidelberg, New York, 1977.

53.   *N.N.:* VDI-Richtline 3240, Zubringeeinrichtungen, Begriffe, Kennzeichnung, Anforderungen, Oktober 1971.

54.   *N.N.:* DIN 8593 T1, Fertigungsverfahren Fügen; Zusammenlegen, Zusammensetzen; Einordnung, Unterteilung, Begriffe, September 1985.

55.   *Eversheim,W.:* Organisation in der Produktionstechnik, Bd. 4, VDI-Verlag, Düsseldorf, 1981.

56.   *Autorenkollektiv:* "Systematische Planung und Abwicklung der Montage", Ind.-Anz. 96 (1974) 70, S. 1604-1611.

57.   *Barthelmeß,P.:* Montagegerechtes Konstruieren durch die Integration von Produkt- und Montageprozeßgestaltung, Springer-Verlag, Berlin 1987.

58.   *Schupp, G.:* "Montageautomatisierung in der Fahrzeugindustrie mit Industrierobotern-Grenzen und zukünftige Einsatzmöglichkeiten", ZwF 77 (1982) Bd.11, S. 509-513.

59.   *Jacobi,W.:* "Automatisierung im Karosseriebau unter Berücksichtigung der Flexibilität", ZwF 77 (1982) Bd.6, S. 253-257.

60.   *Abele,E.,Bäßler,R.,Wolf,E.:* "Entwicklungstendenzen bei flexibel automatisierten Montagesystemen", wt-Z.ind.Fertig. 74 (1984), S.333-336.

61.   *Sauer,H.:* Mengen- und ablauforientierte Kapazitätsplanung von Montagesystemen, Springer-Verlag, Berlin, Heidelberg, New York, Tokyo, 1987.

62.   *N.N.:* VDI-Richtlinie 2860 B1, Montage- und Handhabungstechnik; Handhabungsfunktionen, Handhabungseinrichtungen, Begriffe, Definitionen, Symbole, Oktober 1982.

63.   *Schünemann,T.M.,Lehnen,H.:* "Berücksichtigung unterschiedlicher Flexibilitätsgrade bei der Investitionsplanung von Industrierobotern", Zwf 78 (1983), Bd.11, S.501-506.

64.   *Diess,H.:* Rechnerunterstützte Entwicklung flexibel automatisierter Montageprozesse, Springer-Verlag, Berlin, Heidelberg, New-York, Tokyo, 1988.

65.   *Ropohl, G.:* Flexible Fertigungssysteme zur Automatisierung der Serienfertigung, Krausskopf-Verlag, 1971.

66.   *Kölle,J.-H.:* Entwicklung von Verfahren zur Terminplanung und Steuerung bei flexiblen Montagesystemen, Springer Verlag, Berlin, Heidelberg, New York, 1981.

67.   *Aggteleky,B.:* Fabrikplanung,Hanser Verlag, München, Wien, 1981.

68.   *Hahn,D.:* "Interaktive PLanungt und Beurteilung von Layoutalternativen im Rahmen des Fabrikplanungsprozesses mit Hilfe eines CAD-Systems", Fortschr.-Ber.VDI-z.,Reihe 2, Nr. 84, VDI-Verlag, Düsseldorf, 1984.

69.   *Kettner,H.,Schmidt,J.,Greim,H.-R.:* Leitfaden der systematischen Fabrikplanung, Hanser Verlag, München, Wien, 1984

70.   *Mayer,S.:* Lapex-Ein rechnerunterstütztes Verfahren zu5 Betriebsmittelzuordnung, Krausskopf-Verlage, Mainz, 1977.

71.   *Milberg,J.,Diess,H.:* "Optimierung der Montagetechnik durch rechnerunterstützte Planungssysteme", ZwF 82 (1987) 4, S.190-195.

72.   *N.N.:* VDI-Richtlinie 3300: Materialflußuntersuchungen, Beuth-Verlag.

73.   *Bakry,M.:* Spezielle Rechenwerke zur Lösuung von Maschinenbelegungsproblemen, Diss. Bremen, 1979

74.   *Minten,B.:* Rechnerunterstützte Fabrikplanung, Krausskopf-Verlag, Mainz, 1977.

75.   *Sauter,T.-K.:* Rechnergestützte Realplanung von Fabrikanlagen, Krausskopf-Verlag, Mainz, 1977.

76.   *Hardeck,W.:* Raumplanung im Dialog mit graphischen Bildschirmsystemen, Diss., Univ. Erlangen-Nürnberg, 1977.

77.   *Heinen,E.,Hrsg.:* Industriebetriebslehre, 7.Auflage, Gabler-Verlag, Wiesbaden, 1983.

78.   *Zwicky,F.:* Entdecken, Erfinden, Forschen, Droemer-Knaur-Verlag, München, Zürich, 1966.

79.   *Eigner,M.,Maier,H.:* Einführung und Anwendung von CAD-Systemen, Hanser-Verlag, München, Wien 1982.

80.   *Spur,G.,Krause,F.-L.:* CAD-Technik, Carl-Hanser-Verlag, München, Wien, 1984.

81.   *NN:* "Hohe Kosten bei zu langen Wartezeiten",Fördermittel Journal, 20.Jahrgang, März 1988.

82.   *N.N.:* VDI-Richtlinie 2498: Vorgehen bei der Materialflußplanung, Dezember 1978.

83.   *Scheid,W.-M.:* "Neue Konzeption für den Materialfluß in der Montage",

ZwF 83 (1988), Nr.4, S. 173-176.

84. *Warnecke,H.J.:* "Materialfluß", wt-Z.ind. Fert. 73 (1983) Nr.6,

85. *Dietz,M.:* "Flurfördersystem für die Endmontage von PKW-Motoren", ZwF 78 (1983) Nr.3, S. 108-112

86. *N.N.:* "Roboter montieren Motoren", Ind.Anz. Nr.7,v. 25.1.1984,106.Jg.,-S.28-31.

87. *Fischer,W.:* Planung von Transportsystemen für Stückgüter, Diss. Stuttgart, 1981.

88. *Groseschallau,W.:* Materialflußrechnung, Springer-Verlag Berlin, Heidelberg, New York 1984.

89. *Mayer,S.:* LAPEX - Ein rechnerunterstütztes Verfahren zur Betriebsmittelzuodnung, Diss. Stuttgart, 1983.

90. *Römer,G.:* Der Aufbau einer Transportablaufsteuerung bei stochastischen Auftragsaufkommen,Diss.,Stuttgart,1975.

91. *Gudehus,T.:* "Transportmatrix und Fassungsvermögen", Fördern und Heben 28 (1978) Nr. 14, S. 1013 ff.

92. *Gudehus,T.:* "Grenzleistungsgesetze für Verteiler- und Sammelelemente", Fördern und Heben 25 (1975) Nr. 16, S. 1532 ff.

93. *Müller-Merbach,H.:* Operations Research, Berlin, Frankfurt, 1970.

94. *Warnecke,H.J.,Eißler,W.:* "Maschinenzustandsüberwachung durch Taktzeitanalyse", wt-Z.ind.Fert.,71 (1981) 3.

95. *Janisch,H.-W.:* Optimierung der Puffer bei elastisch verketteten Fertigungssystemen, Diss., Hannover, 1979.

96. *Gernoth,B.:* Warteschlangensysteme - Modelluntersuchungen mit Hilfe des Simulators GPSS-FORTRAN, Oldenbourg Verlag, München, Wien, 1980.

97. *Müller-Merbach, H.:* Operations Research, Berlin, Frankfurt, 1970.

98. *Heller,W.-D.,Lindenberg,H.,Nuske,M.,Schriever,K.-H.:* Stochastische Systeme,Walter de Gruyter, Berlin, New York, 1978.

99. *Rudolph, H.-J.:* "Werkstückspeicher in automatischen Maschinenfließreihen richtig dimensioniert - höhere Produktivität und minimale Selbstkosten!", TZ für praktische Metallbearbeitung, 61 (1967) 6, S. 302-307.

100. *Hiller,F.S.,Boling,R.W.:* "The Effect of same Design Factors on the Efficiency of the Production Lines with Variable Operation Times", Journal of Industrial Engineering 15 (1967), S. 286-303.

101. *v.Stetten,R.:* Auslegung von Sörungspuffern in kapitalintensiven Fertigungslinien, Diss. Stuttgart, 1977.

102. *Herzlieb,G.:* Methoden und Vorgehensweise zur Optimierung störungsbehafteter automatischer Produktionsanlagen, VDI-Verlag, Düsseldorf, 1984.

103. *Reithofer,N.:* Nutzungssicherung von flexibel automatisierten Produktionsanlagen, Springer Verlag, Berlin, Heidelberg, New York, Tokyo, 1987.

104. *Hahn,R.:* Produktionsplanung bei Linienfertigung, Walter de Gruyter, Berlin New York 1972.

105. *Hutchinson,G.K.:* "Flexible Fertigungssysteme und Simulation", ZwF 78 (1983), S. 74 - 76.

106. *Herringer,H.:* "Die Pufferung von Ausfällen bei automatisierter Fließfertigung", Industrielle Organisation, 37 (1968), Bd. 1.

107. *Wilhelm,K.-G.:* System zur Planung des Umlaufbestands in Betrieben mit Serienfertigung, Springer Verlag, Berlin, Heidelberg, New York, Tokyo,

1987.

108. *Busacker,Saaty:* Endliche Graphen Netzwerke, Hanser-Verlag, München,Wien, 1968.

109. *Hein,D.:* Graphentheorie für Anwender, Mannheim, Wien, Zürich, 1977.

110. *Gaede,K.-W.,Heinhold,J.:* Grundzüge des Operations Research, Teil1, München, Wien, 1976.

111. *Meyer,Hansen,Rohde:* Mathematische Planungsverfahren I, Essen, 1973.

112. *Tinhofer,G.:* Methoden der angewandten Graphentheorie, Wien, 1976.

113. *Liebling,T.:* Graphentheorie un Planungs- und Tourenproblemen, Springer Verlag, Berlin, Heidelberg, 1970.

114. *Domschke,W.:* Kürzeste Wege in Graphen: Algorithmen, Verfahrensvergleiche, Diss. Karlsruhe, 1971.

115. *Dijkstra,E.W.:* "A Note on Two Problems in Connection with Graphs", in Numerische Mathematik, Nr. 1 (1959), S. 269 - 271.

116. *Dantzig, G.B.:* "On the Shortest Route Through a Network", in Management Science, Nr. 6 (1960), S. 187 - 190.

117. *Hässig,K.:* Graphentheoretische Methoden des Operations Research, Stuttgart, 1976.

118. *Müller-Merbach,H.:* Operations Research: Methoden und Modelle der Optimalplanung, München, 1973.

119. *Ebert,J.:* Effiziente Graphenalgorithmen, Wiesbaden, 1981.

120. *Weigand,M.:* Algorithmen zur Bestimmung k-kürzester Algorithmen in einem Graphen, Stuttgart, 1979.

121. *Moore,E.,F.:* "The Shortest Path Through a Maze", in: Proceeding of the International Symposium on the Theory of Swiching, part II, The Anuales of the Computation Laboratory of Harvard University, Vol. 30 (1959), Cambridge, S. 285-292.

122. *Steckhan,H.:* Güterströme in Netzen, Springer-Verlag, Berlin, Heidelberg, New York, 1973.

123. *Pape,U.:* "Zur Implementierung und Wirtschaftlichkeit von MOORE - Algorithmen zur Bestimmung kürzester Weglängen in einem Netzwerk", Bericht Nr.73-06 (2.Aufl.), TU Berlin, Fachbereich 20.

124. *Dial,R.,Glover,F.,Karney,D.,Klingman,D.:* "A Computational Analysis of Alternative Algorithms on Labeling Techniques for Finding Shortest Path Trees", in: Networks, Nr. 9 (1979), S. 215 - 248.

125. *Kaufmann,A.:* Graphs, Dynamic Programming and Finite Games, New York, London, 1967.

126. *Rapoport,A:* "The Use of Theory in the Study of Politics" in: Essays in Political Science, Hrsg.: Buehring,E.H.,Blomington und London 1973.

127. *Ropohl, G.:* Eine Systemtheorie der Technik, Zur Grundlegung der allgemeinen Theorie, Carl Hanser Verlag, München Wien, 1979.

128. *Mesarovic',M.D.,Macko,D.,Takahara,Y.:* Theory of Hierarchical Multilevel Systems, Academie Press, New York London, 1970.

129. *Hubka,V.:* Theorie technischer Systeme, Springer Verlag, Berlin, Heidelberg, New York, Tokyo, 1984.

130. *Witte,T.:* Simulationstheorie und ihre Anwendung auf betriebliche Systeme, Gabler Verlag, Wiesbaden, 1973

131. *Ropohl,G.,Lenk,M.:* Systemtheorie als Wissenschaftsprogramm, Athenäum Verlag, Königsheim, 1978

132. *Wolf,M.:* "Die Leistungsfähigkeit des systemtheoretischen Ansatzes" in Bea,F.X.,Bohnet,A.,Klimes,H.: Systemmodelle: Anwendungsmöglichkeiten des systemtheoretischen Ansatzes, Oldenbourg Verlag, München, Wien, 1979

133. *v. Bertalanffy, L.:* "An Outline of General System Theory" in: The British Journal for the Philosophy of Science, Vol. 1, 1950, S. 134 ff.

134. *Zangemeister Ch.:* Nutzwertanalyse in der Systemtechnik, Eine Methode zur multidimensionalen Bewertung und Auswahl von Projektalternativen, 2. Auflage, Wittmann'sche Buchhandlung, München, 1971.

135. *Nagel,E.:* The Structure of Science, New York und Burlingame 1961,S. 90ff.

136. *Milling,P.:* "Die Konzipierung von Entscheidungsmodellen sozialer Systeme" in Bea,F.X.,Bohnet,A.,Klimes,H.: Systemmodelle: Anwendungsmöglichkeiten des systemtheoretischen Ansatzes, Oldenbourg Verlag, München, Wien, 1979

137. *Ropohl,G.:* Flexible Fertigungssysteme, Krausskopf-Verlag, Mainz, 1971

138. *Ropohl,G.:* Systemtechnik-Grundlagen und Anwendung, Hanser Verlag, München-Wien, 1975.

139. *Komarnicki, J.:* Simulationstechnik, Düsseldorf, VDI-Verlag, 1980

140. *Schmidt, B.:* "Die Simulation zeitdiskreter Systeme - Ein Blick über die Schulter", Informatik Spektrum 2(1979), S.78 - 85

141. *Niemeyer,G.:* Die Simulation von Systemanläufen mit Hilfe von Fortran IV, Berlin 1972

142. *Schmidt,B.:* Die Simulation zeitdiskreter Systeme, Informatik Spektrum 2 (1979), S.28-85

143. *N.N.:* Catalog of Simulation Software, Simulation, 47 (1987) 4.

144. *Soliman, M.:* "Simulationssprachen und -pakete für die Codierung diskreter fertigungstechnischer Modelle - Eine Übersicht", Automatisierungstechnik at, 35. Jahrg. Heft 2/1987, S. 50 - 55.

145. *Scheifele,M.,Warschat,J.:* "Ereignisdiskrete Simulationssprachen - ein überblick", Angewandte Systemanalyse Band4/Heft3(1983) S.125-133

146. *Bäckers, R.:* Beitrag zur rechnergestützten Bearbeitung betrieblicher Planungsprobleme mit Hilfe der Simulationstechnik, Diss. Aachen 1983.

147. *Wiendahl,H.-J.:* "Montage als Rationalisierungsreserve - Simple Ansätze konsequent nutzen", Industrie-Anzeiger 104 (1982) 11, S.81-85.

148. *Marchal,G.:* Die Simulation als Instrument der Fertigungsplanug,-steuerung und Prozeßoptimierung, Diss., Berlin, 1982.

149. *Grochla,E.,Fuchs,H.u.a.:* "Grundlagen und Voraussetzungen zur systemtheoretisch kybernetischen Modellierung betrieblicher Systeme", BIFOA Arbeitsbericht Nr. 73/5, Wison Verlag, Köln, 1973.

150. *Hugger,W.:* Weltmodelle auf dem Prüfstand, Basel und Stuttgart, 1974.

151. *Brandenburg,V.,et al.:* Simulation organisatorischer Abläufe mit CAPSIM in: Informatik Fachberichte 56 - Simulationstechnik, Springer Verlag, Berlin, Heidelberg, New York, 1982.

152. *Schmidt B.:* Der Simulator GPSS-FORTRAN Version 3 Springer-Verlag Berlin,Heidelberg,New York,Tokyo 1984

153. *Fastenbauer,M.:* GPSS-PASCAL, in: Informatik Fachberichte 56 - Simulationstechnik, Springer Verlag, Berlin, Heidelberg, New York, 1982.

154.   *Jarov, A.:* "Dual Nature of Events in Discrete Simulation", Mathematics and Computers in Simulation (XXV), 1983.

155.   *Schmidt, B.:* "Die Bestimmung von Konfidenzintervallen in der Simulation stochastischer, zeitdiskreter Systeme", Elektronische Rechenanlagen, 3, 1982.

156.   *Boblier, P.A.,et al.:* Simulation with GPSS and GPSSV, Prentice-Hall, 1976.

157.   *Steffens,F.:* "Struktur und Strukturmaß" in: Zeitschrift für Betriebswirtschaft, 39 (1969), S. EII 25-59.

158.   *Heusler,H.J.:* "Simulationsverfahren zur Planung und Steuerung von Systemen mit autonomen mobilen Robotern", in Tagungsband Autonome Mobile Roboter 2. Fachgespräch, Karlsruhe 1986, S.59 - 73

159.   *Heusler,H.-J.:* "Simulation spart Kosten." in Die neue Fabrik, Sonderpublikation (1988) 1, S. 112 - 114.

160.   *Milberg,J.,Heusler,H.-J.:* "Simulationstechnik: Die Planung von flexiblen Montagesystemen.", Technische Rundschau, 26 (1988), S. 56 - 63.

161.   *Baetge,J.U.:* "Thesen zur Wirtschaftskybernetik", in: Kybernetische Methoden und Lösungen in der Unternehmenspraxis, Berlin 1983.

162.   *Franke,H.J.:* "Untersuchungen zur Algorithmierbarkeit des Konstruktionsprozesse. Fortschrittsberichte der VDI-Zeitschriften 1,47. Düsseldorf, VDI Verlag 1976.

iwb Forschungsberichte

Berichte aus dem Institut für Werkzeugmaschinen und Betriebswissenschaften
der Technischen Universität München

Herausgeber: Prof. Dr.-Ing. J. Milberg

---

1 Streifinger, E.
Beitrag zur Sicherung der Zuverlässigkeit und Verfügbarkeit
moderner Fertigungsmittel
1986. 72 Abb. 167 Seiten, ISBN 3-540-16391-3   68,- DM

2 Fuchsberger, A.
Untersuchung der spanenden Bearbeitung von Knochen
1986. 90 Abb. 175 Seiten, ISBN 3-540-16392-1   68,- DM

3 Maier, C.
Montageautomatisierung am Beispiel des Schraubens mit
Industrierobotern
1986. 77 Abb. 144 Seiten, ISBN 3-540-16393-X   68,- DM

4 Summer, H.
Modell zur Berechnung verzweigter Antriebsstrukturen
1986. 74 Abb. 197 Seiten, ISBN 3-540-16394-8   68,- DM

5 Simon, W.
Elektrische Vorschubantriebe an NC-Systemen
1986. 141 Abb. 198 Seiten, ISBN 3-540-16693-9   68,- DM

6 Büchs, S.
Analytische Untersuchungen zur Technologie der Kugelbearbeitung
1986. 74 Abb. 173 Seiten, ISBN 3-540-16694-7   68,- DM

7 Hunzinger, I.
Schneiderodierte Oberflächen
1986. 79 Abb. 162 Seiten, ISBN 3-540-16695-5   68,- DM

8 Pilland, U.
Echtzeit-Kollisionsschutz an NC-Drehmaschinen
1986. 54 Abb. 127 Seiten, ISBN 3-540-17274-2   68,- DM

9 Barthelmeß, P.
Montagegerechtes Konstruieren durch die Integration
von Produkt- und Montageprozeßgestaltung
1987. 70 Abb. 144 Seiten, ISBN 3-540-18120-2   68,- DM

10 Reithofer, N.
Nutzungssicherung von flexibel automatisierten Produktionsanlagen
1987. 84 Abb. 176 Seiten, ISBN 3-540-18440-6   68,- DM

11 Diess, H.
Rechnerunterstützte Entwicklung flexibel automatisierter
Montageprozesse
1988. 56 Abb. 144 Seiten, ISBN 3-540-18799-5   73,- DM

12 Reinhart, G.
Flexible Automatisierung der Konstruktion
und Fertigung elektrischer Leitungssätze
1988, 112 Abb. 197 Seiten, ISBN 3-540-19003-1   73,- DM

13 Bürstner, H.
Investitionsentscheidung in der rechnerintegrierten
Produktion
1988, 77 Abb. 190 Seiten, ISBN 3-540-19099-6   73,- DM

14 Groha, A.
Universelles Zellenrechnerkonzept für flexible Fertigungssysteme
1988, 74 Abb. 153 Seiten, ISBN 3-540-19182-8   73,- DM

15 Riese, K.
Klipsmontage mit Industrierobotern
1988, 92 Abb. 150 Seiten, ISBN 3-540-19183-6   73,- DM

16 Lutz, P.
Leitsysteme für rechnerintegrierte Auftragsabwicklung
1988, 44 Abb. 144 Seiten, ISBN 3-540-19260-3   73,- DM

17 Klippel, C.
Mobiler Roboter im Materialfluß eines flexiblen Fertigungssystems
1988, 86 Abb. 164 Seiten, ISBN 3-540-50468-0   73,- DM

18 Rascher, Rolf.
Experimentelle Untersuchungen zur Technologie der Kugelherstellung
1989, 110 Abb. 200 Seiten, ISBN 3-540-51301-9   73,- DM